UNIVERSO
& TERRA

STEAM
CIÊNCIAS TECNOLOGIA ENGENHARIA ARTES MATEMÁTICA

Todolivro

Sumário

Via Láctea **4**
O Sol **5**
Sistema Solar **6**
Mercúrio **8**
Vênus **9**
Terra **10**
Marte **11**
Asteroides **12**
Júpiter **13**
Saturno **14**
Cometa **15**
Urano **16**
Netuno **17**
Formação da Terra **18**
A Lua **19**
Fases da Lua **20**
Constelações **21**
O Interior da Terra **22**
A Rotação da Terra **23**
Dia e Noite **24**
A Translação da Terra **25**
Os Recursos Naturais **26**
As Camadas da Floresta **28**
Platô **29**
Montanhas **30**
Planícies **31**
Vale **32**
Ilha **33**
Lago **34**
Rio **35**
Cachoeira **36**

Geleira **37**
A Representação da Terra no Mapa **38**
Globo **39**
Direções **40**
Onde Você Está na Terra? **41**
Cavernas, Arcos, Leixões e Escolhos **42**
Penhasco **43**
Cânion **44**
Rocha Cogumelo **45**
Símbolos do Tempo **46**
Cata-vento **47**
Termômetro Climático **48**
Anemômetro **49**
Lente de Aumento **50**
Bússola Magnética **51**
Pluviômetro **52**
Barômetro Aneroide **53**
Telescópio **54**
Astronauta **55**
Satélite Artificial **56**
Como a Terra se Parece do Espaço **57**
A Exploração de Marte **58**
O Lançador de Nave Espacial **59**
Ciclo da Água **60**
Maré Alta e Baixa **61**
Erupção Vulcânica **62**
Buraco de Ozônio **63**
Em uma Floresta Tropical **64**

Em um Deserto *66*
Regiões Polares *68*
Dinossauro *70*
Bisão-antigo *71*
Mamute-lanoso *72*
Tigre-dentes-de-sabre *73*
Moradias dos Humanos Primitivos *74*
Vestuário dos Humanos Primitivos *75*
Alimentos dos Humanos Primitivos *76*
Ferramentas dos Humanos Primitivos *77*
Descobrindo o Fogo *78*
O Início da Agricultura *79*
Pinturas *80*
Harpas e Liras *81*
Um Historiador *82*
Arando os Campos *83*
Irrigação *84*
Brinquedos e Potes *85*
Moradias *86*
Vestuário *87*
Mumificação *88*
Vasos Canópicos *89*
Sarcófago *90*
Civilização Harapeana *91*
Moradias em Harapa *92*
Armazenamento de Alimentos *93*

Brinquedos e Cerâmica *94*
O Grande Banho *95*
Sistema de Escambo *96*
Recipientes de Água *97*
Viajando pelo Mundo *98*
Monte Vesúvio *99*
Castelo *100*
Povos ao Redor do Mundo *101*
Tochas *102*
Coroas dos Reis *103*
Guerreiro Inca *104*
Troia *105*
A Vestimenta do Soldado *106*
Vikings *107*
Drácar *108*
Crianças Romanas *109*
Crianças Inglesas da Realeza *110*
Garota Vitoriana *111*
Crianças do Velho Oeste *112*
Pesca *113*
Agricultura *114*
Mineração *115*
A Grande Muralha da China *116*
A Ilha de Páscoa *117*
Esfinge *118*
Petra *119*
Stonehenge *120*

Via Láctea

As galáxias são enormes grupos de estrelas, poeira e matéria escura agrupadas em todos os tipos de formatos e tamanhos. O nosso Sistema Solar é parte de uma galáxia chamada Via Láctea.

Pinte a figura.

NO UNIVERSO

O Sol

O Sol é uma estrela imensa. Ele é formado por gases quentes e incandescentes. A Terra se move ao redor do Sol.

Pinte a figura.

O Sol parece maior do que as outras estrelas porque ele está mais próximo da Terra. Cerca de milhares de Terras podem caber dentro do Sol.

SISTEMA SOLAR

O nosso Sistema Solar é formado pelo Sol e por oito planetas e seus satélites (luas). Asteroides, meteoros, cometas, poeira e gases também estão presentes no Sistema Solar. Os planetas giram em torno do Sol em trajetórias imaginárias chamadas órbitas.

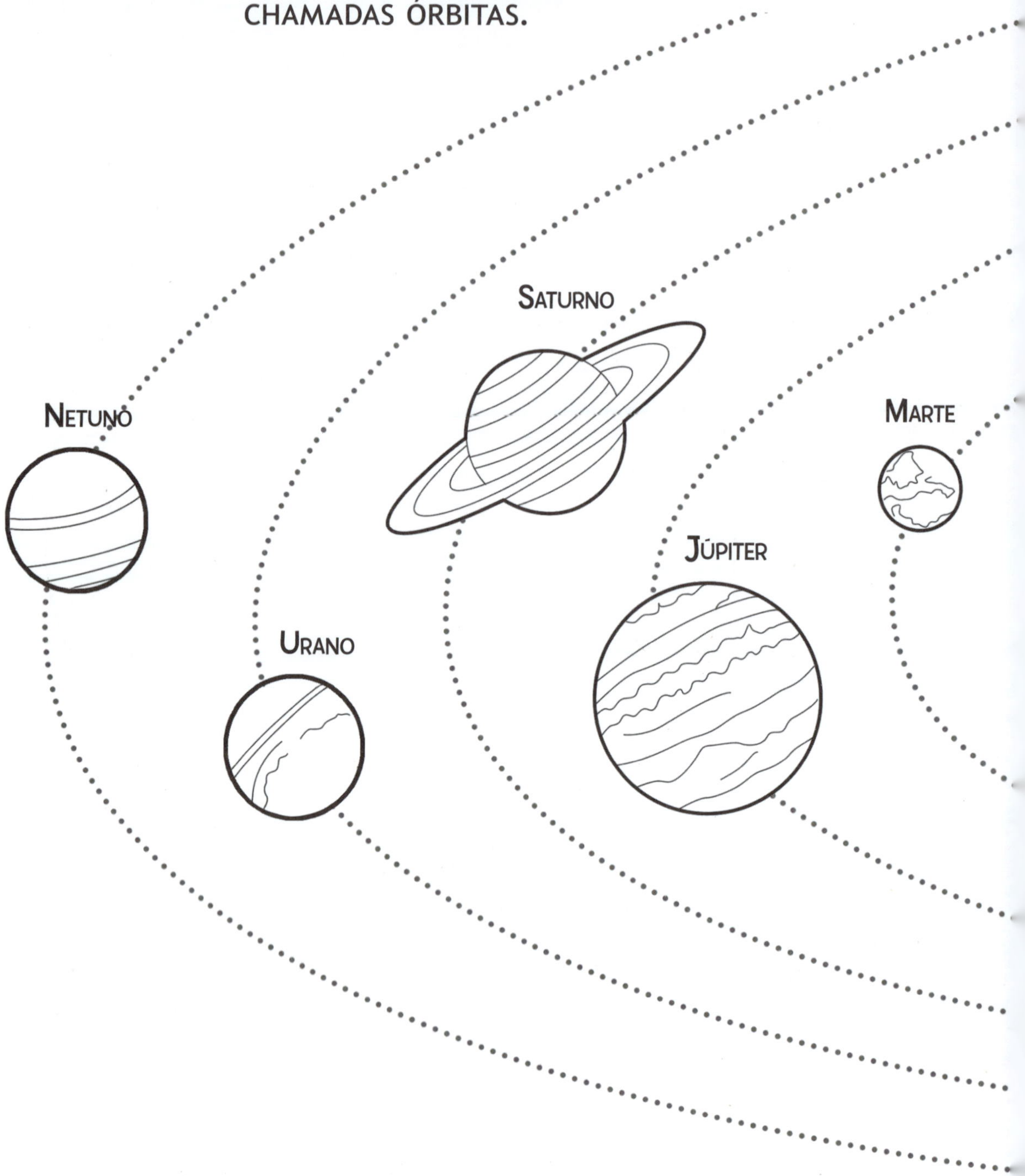

Pinte a figura. Pinte os planetas com cores diferentes. Traceje as órbitas.

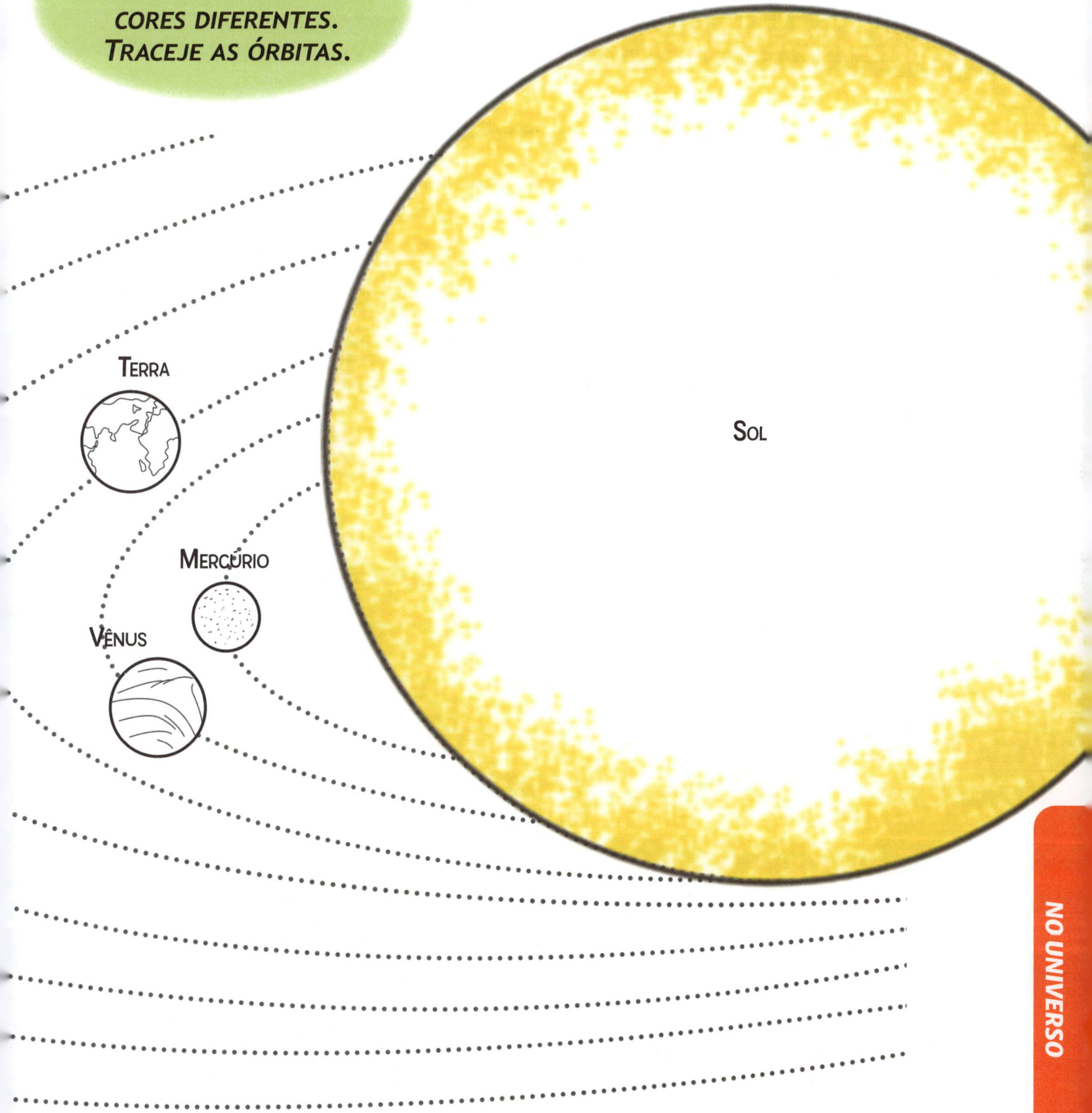

Terra

Mercúrio

Vênus

Sol

NO UNIVERSO

MERCÚRIO

Mercúrio é o menor planeta do Sistema Solar. Ele não tem lua. Mercúrio leva só 88 dias para orbitar ou se mover ao redor do Sol.

Pinte a figura.

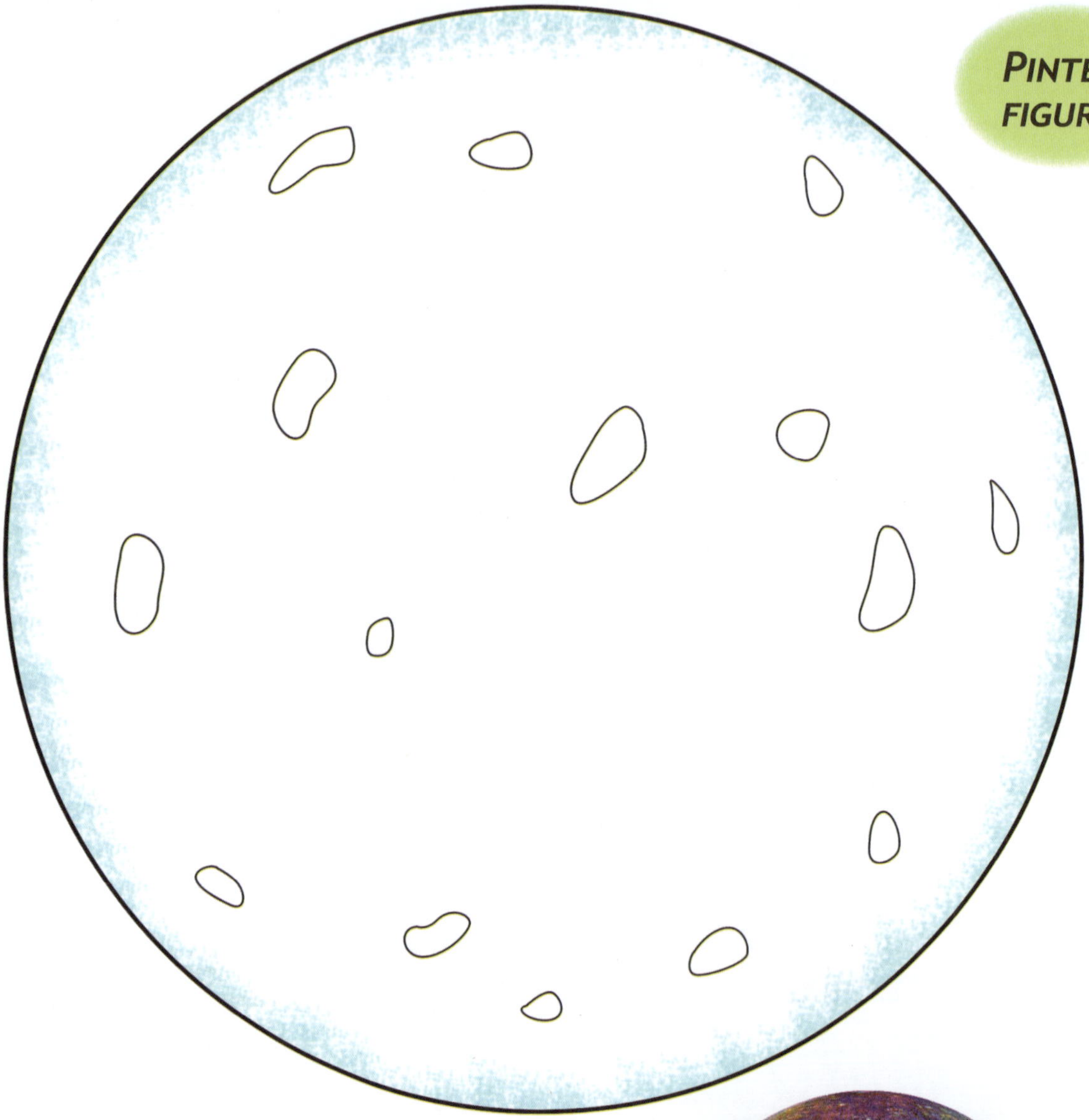

Não existe atmosfera em Mercúrio. Por isso, é impossível a vida sobreviver nesse planeta.

VÊNUS

VÊNUS É O OBJETO NATURAL MAIS BRILHANTE NO CÉU NOTURNO DEPOIS DA LUA DA TERRA.

Pinte a figura.

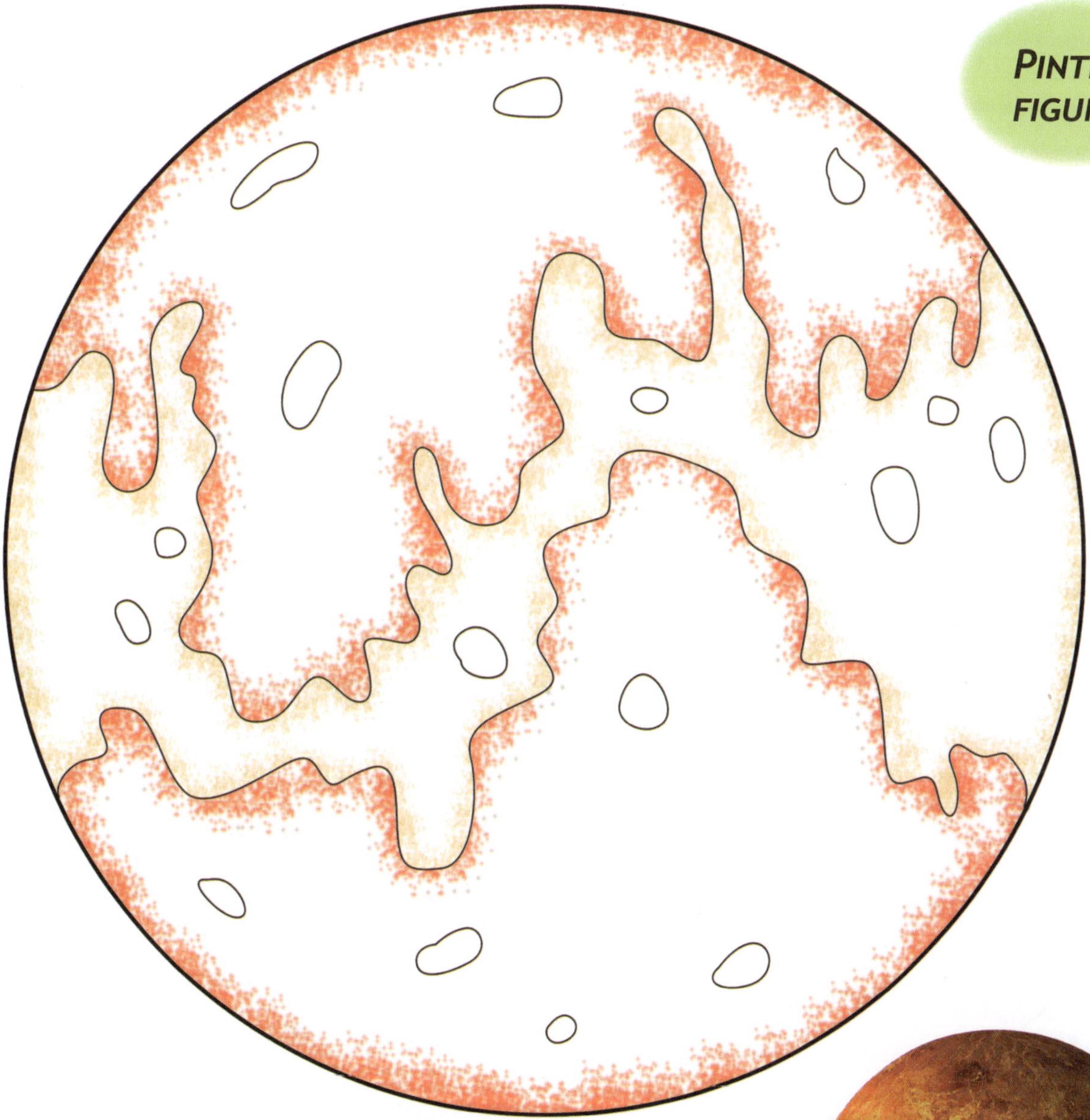

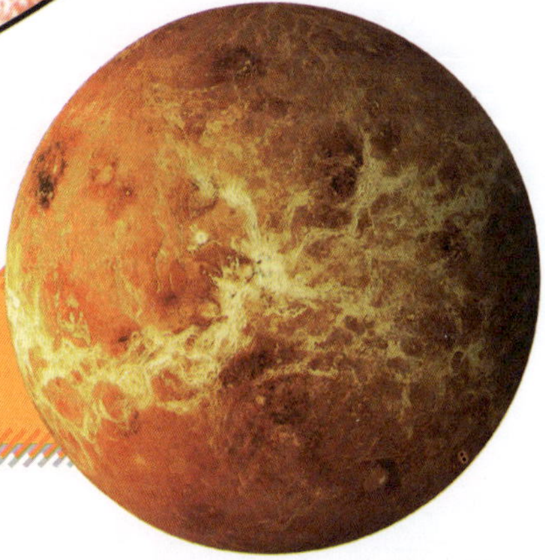

Vênus é o planeta mais quente do Sistema Solar. Ele não tem satélite natural.

NO UNIVERSO

Terra

A Terra é o terceiro planeta a partir do Sol. É o único planeta conhecido por ter água líquida em sua superfície. Sua atmosfera contém oxigênio e outros gases.

Pinte a figura.

A Terra é conhecida como "planeta azul" porque a maior parte de sua superfície é coberta por água.

NO UNIVERSO

Marte

Marte é o quarto planeta a partir do Sol.
Um ano em Marte é quase duas vezes tanto quanto um ano na Terra.

Pinte a figura.

Marte é muitas vezes descrito como "planeta vermelho" devido à camada de óxido de ferro em sua superfície, que lhe dá uma aparência avermelhada.

NO UNIVERSO

ASTEROIDES

Um asteroide é um objeto grande de formato irregular no Universo que orbita o Sol.

Pinte a figura.

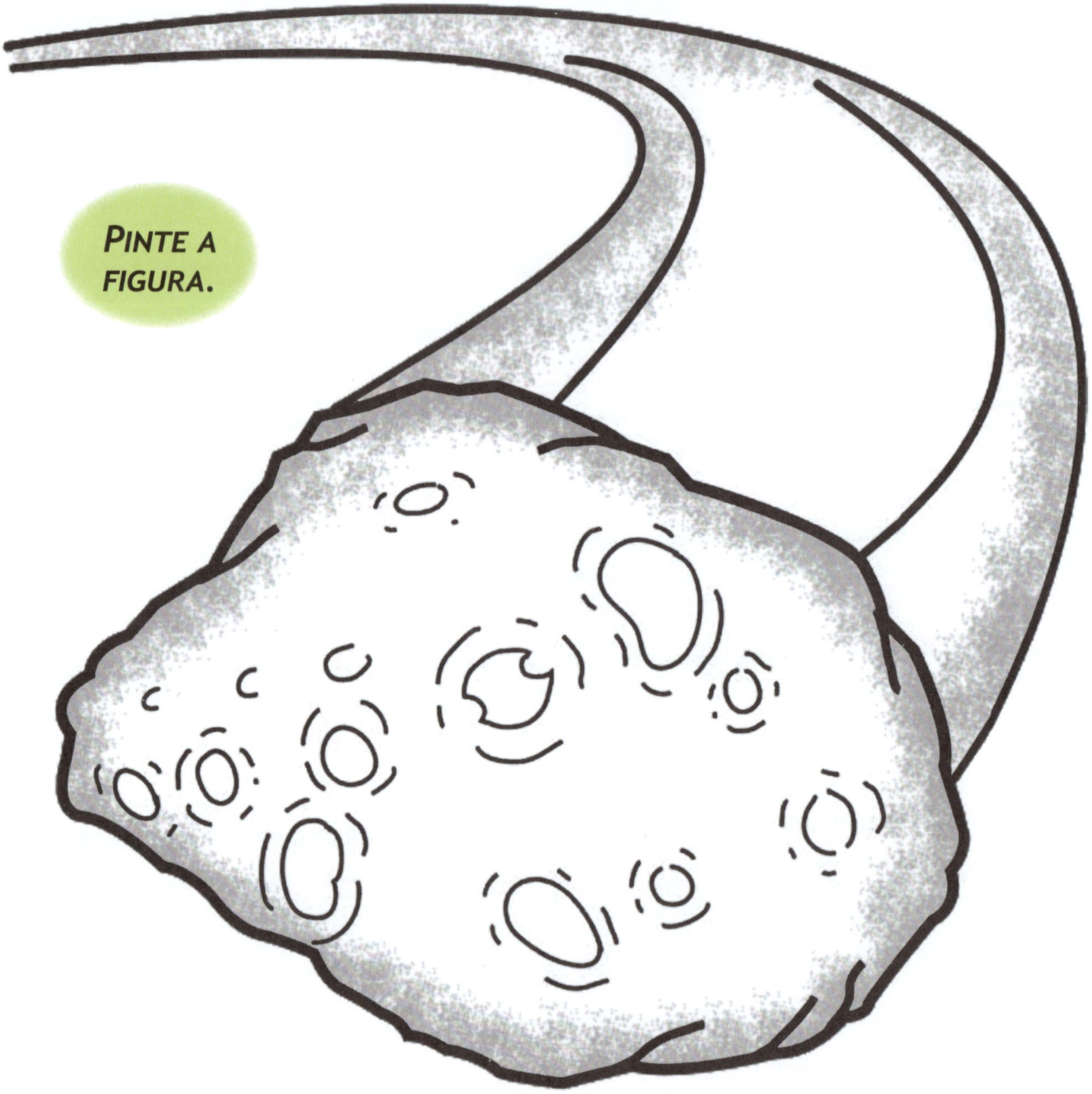

Um cinturão de asteroides está localizado entre as órbitas de Marte e Júpiter.

JÚPITER

Júpiter é o maior planeta do Sistema Solar. Ele é formado por gases como hidrogênio, hélio, metano e amônia. Os cientistas o chamam de "gigante gasoso".

Mancha vermelha gigante

Pinte a figura.

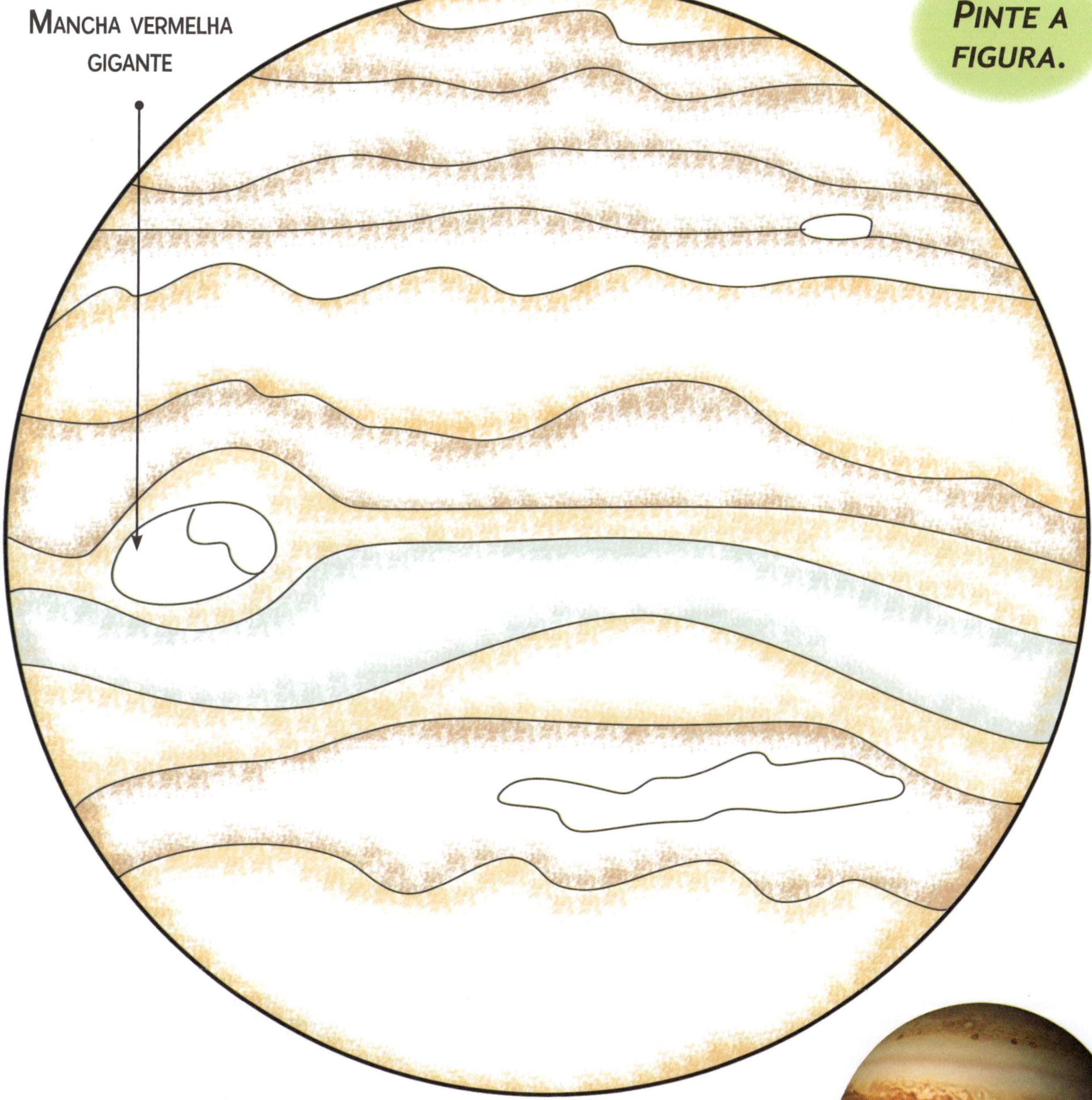

Júpiter é um planeta bastante tempestuoso e colorido. A mancha vermelha de Júpiter é uma gigantesca tempestade que já dura muitos anos.

SATURNO

Saturno é o sexto planeta a partir do Sol. Sua atmosfera é uma das mais cheias de vento do Sistema Solar. Os anéis de Saturno foram avistados primeiro por Galileu através de um telescópio.

Pinte a figura.

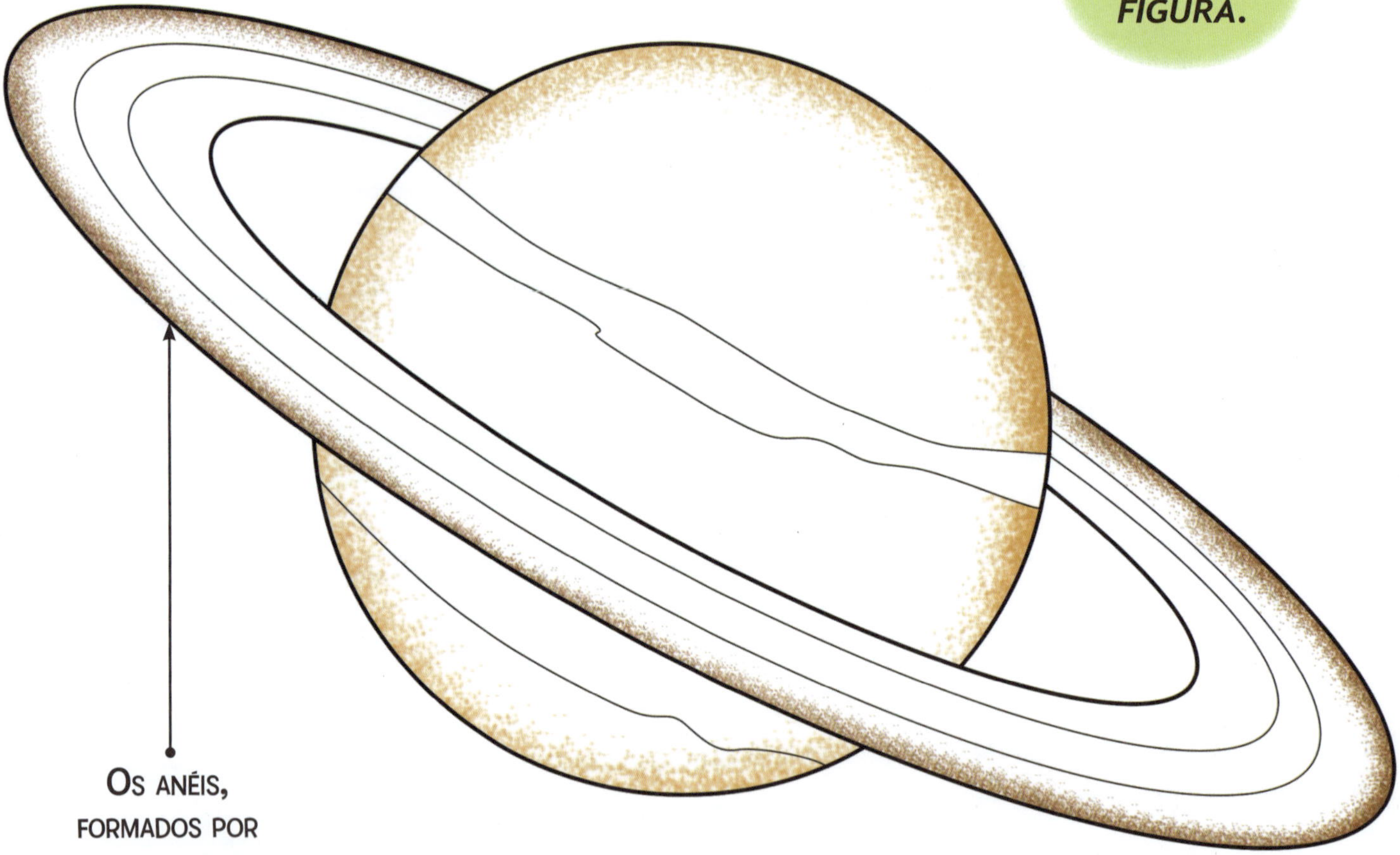

Os anéis, formados por rochas e poeira.

Os anéis ao redor de Saturno são compostos por poeira e rochas. Esses anéis são visíveis somente por meio de um telescópio.

NO UNIVERSO

Cometa

Os cometas são bolas de gases congelados, poeira e rochas. Um cometa forma uma cauda quando se aproxima do Sol.

Pinte o cometa.

O que chamamos de estrela cadente é, na verdade, um cometa em chamas.

NO UNIVERSO

Urano

Urano é o sétimo planeta a partir do Sol. Sua atmosfera é quase parecida com aquela de Júpiter e de Saturno, mas muito mais fria do que a desses planetas. É por isso que Urano muitas vezes é chamado de "gigante de gelo".

Pinte a figura.

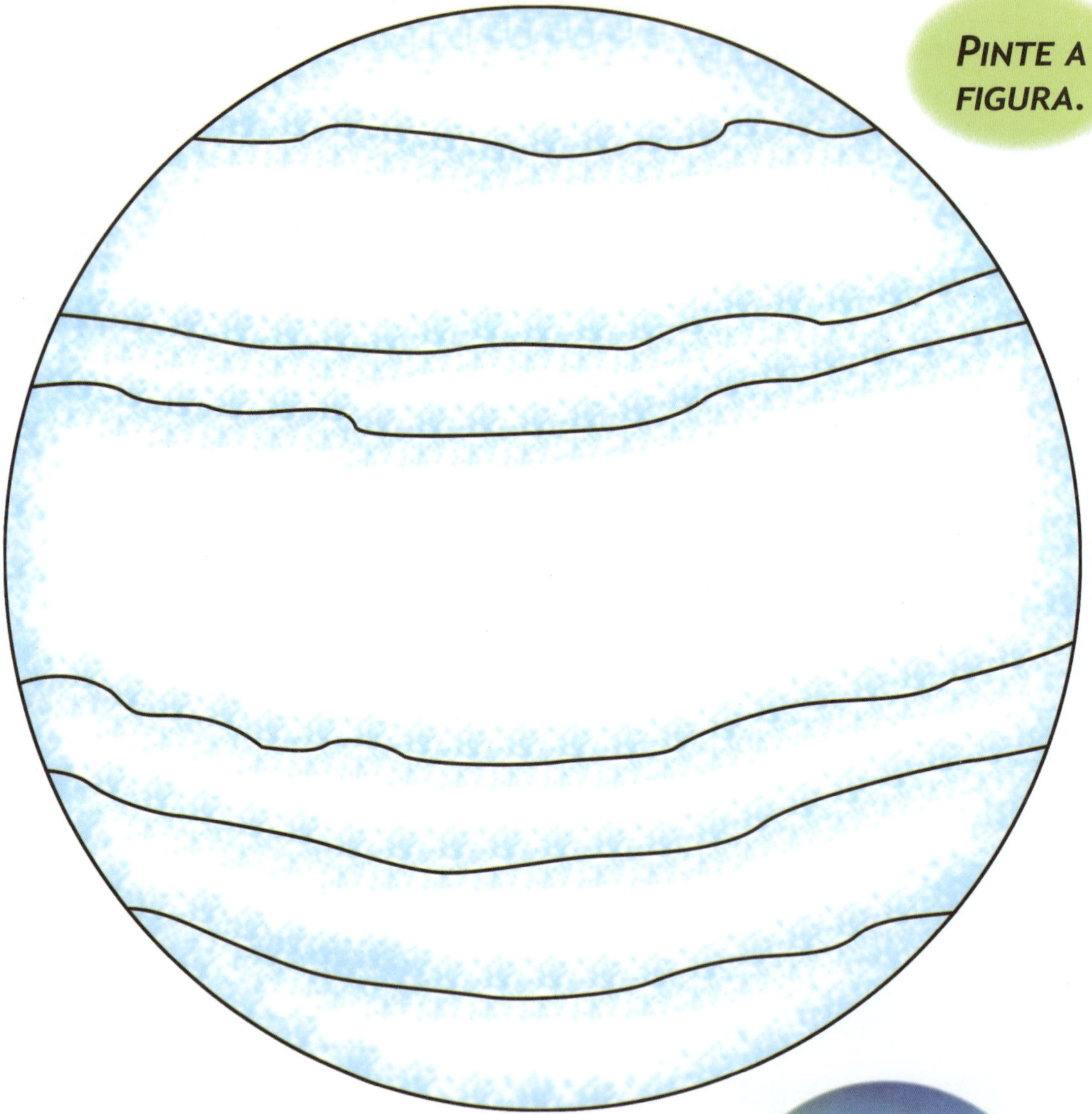

Urano muitas vezes é descrito como o planeta que gira "deitado" ao redor do Sol, com o planeta "rolando" ao longo de sua órbita.

NO UNIVERSO

NETUNO

Netuno é o oitavo planeta e o mais afastado do Sol. Ele possui uma atmosfera muito fria.

Pinte a figura.

A cor azul de Netuno se deve à presença de gás metano.

Formação da Terra

No início, a Terra era uma bola de gases em chamas. Mais tarde, esfriou e solidificou, formando uma imensa massa composta por rochas e poeira.

Pinte a figura.

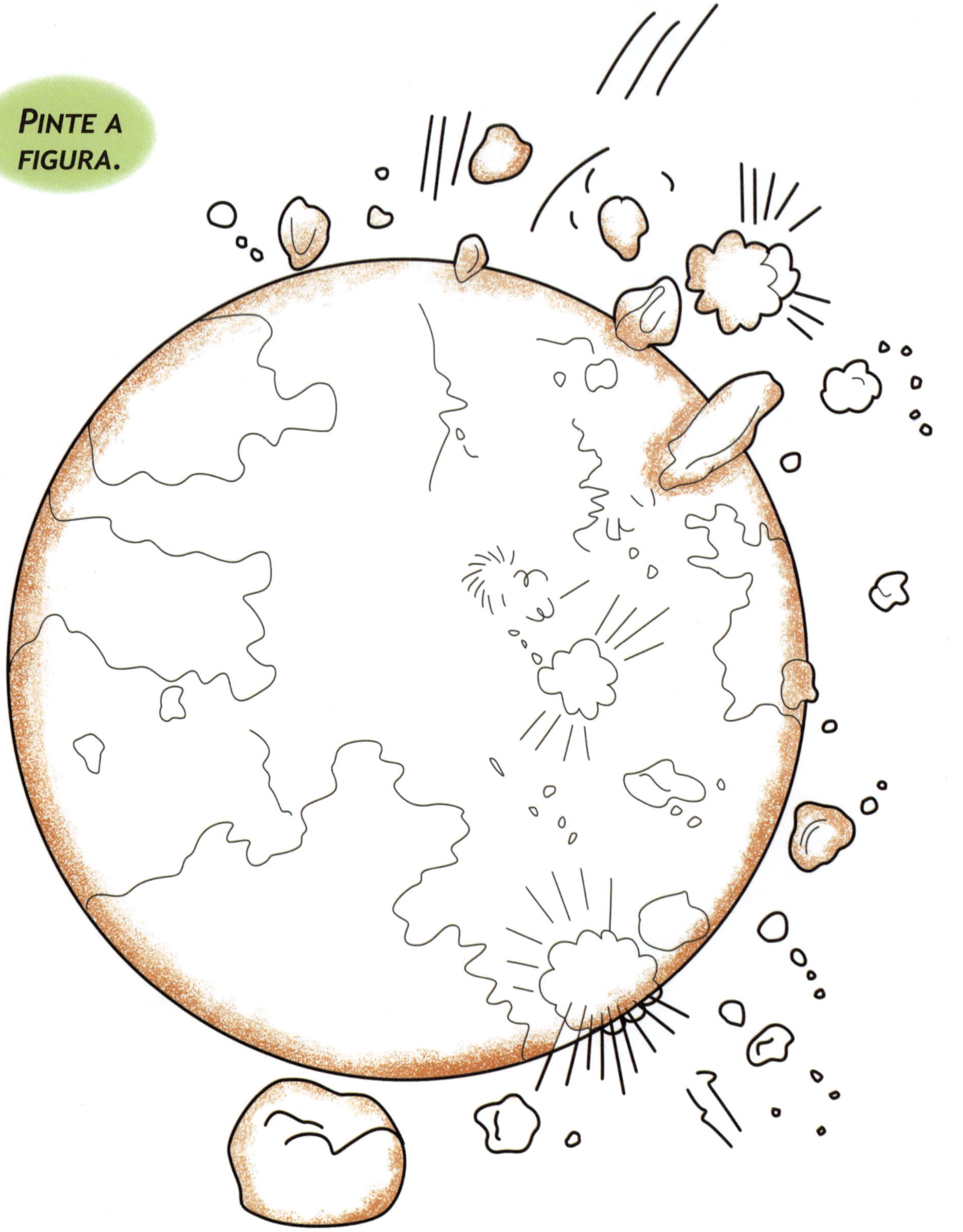

A Lua

A Lua é o único satélite natural da Terra. Inúmeras missões espaciais foram realizadas para chegar à Lua e estudar a seu respeito.

Pinte a figura.

Conforme a Lua orbita a Terra, parece que a Lua está mudando de forma.

FASES DA LUA

O formato da Lua parece mudar porque apenas vemos aquelas partes da superfície dela que estão iluminadas pelo Sol.

PINTE AS FASES DA LUA.

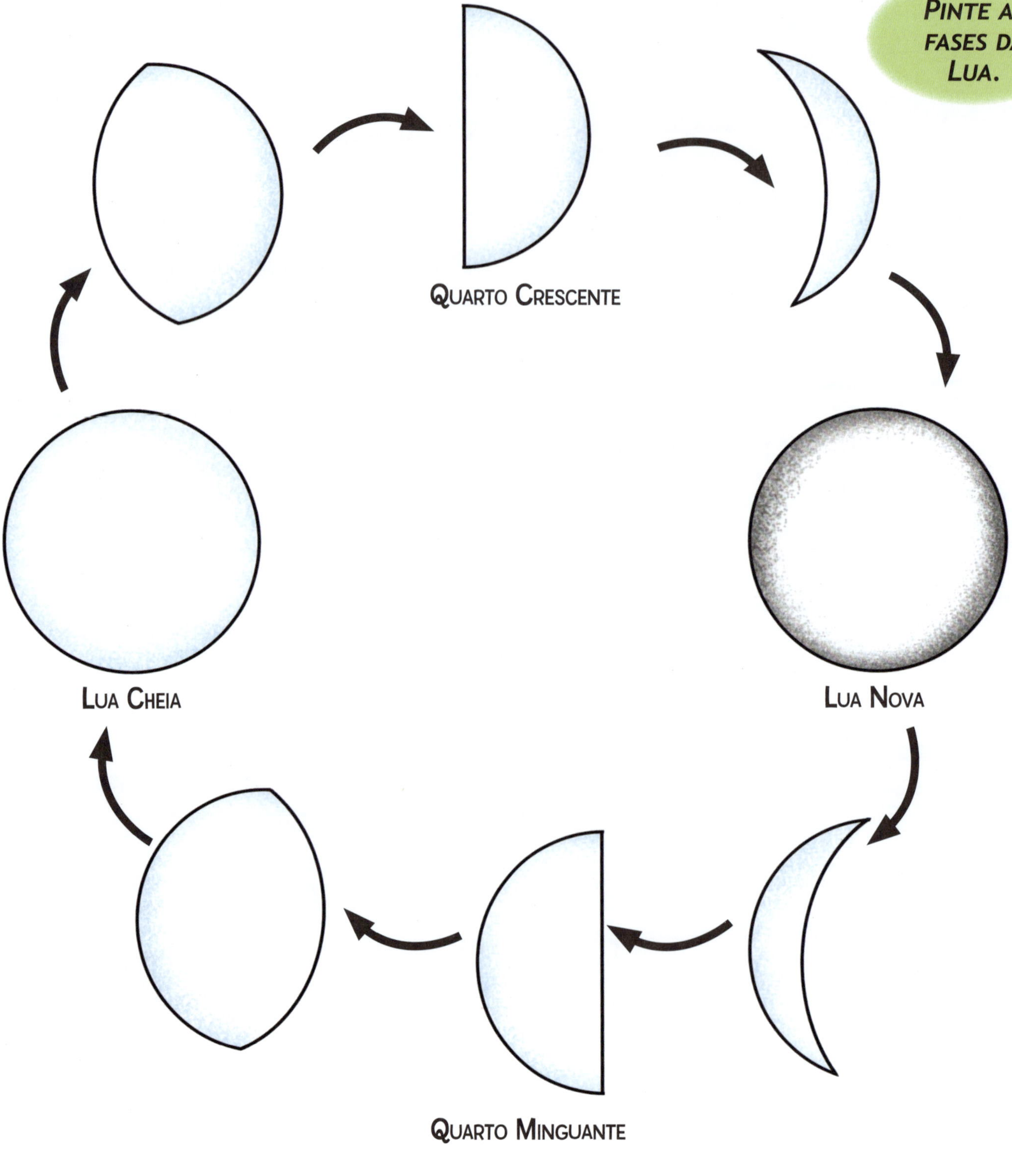

QUARTO CRESCENTE

LUA NOVA

LUA CHEIA

QUARTO MINGUANTE

Constelações

Um grupo de estrelas formando um padrão definido no céu é chamado de constelação.

Pinte as estrelas nas constelações.

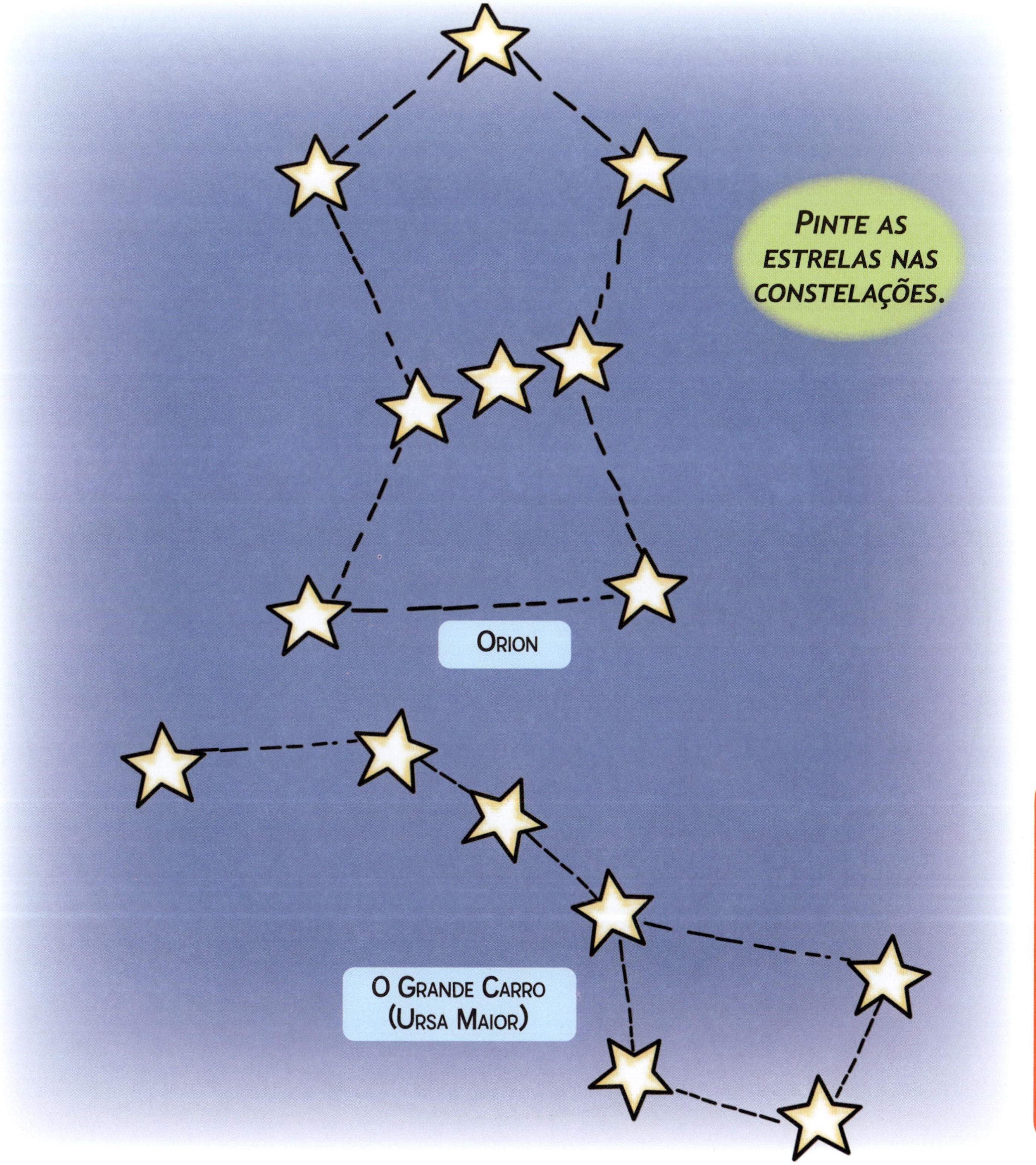

Orion

O Grande Carro (Ursa Maior)

NO UNIVERSO

O Interior da Terra

A Terra é constituída de quatro camadas concêntricas: núcleo interno, núcleo externo, manto e crosta.

Pinte a figura.

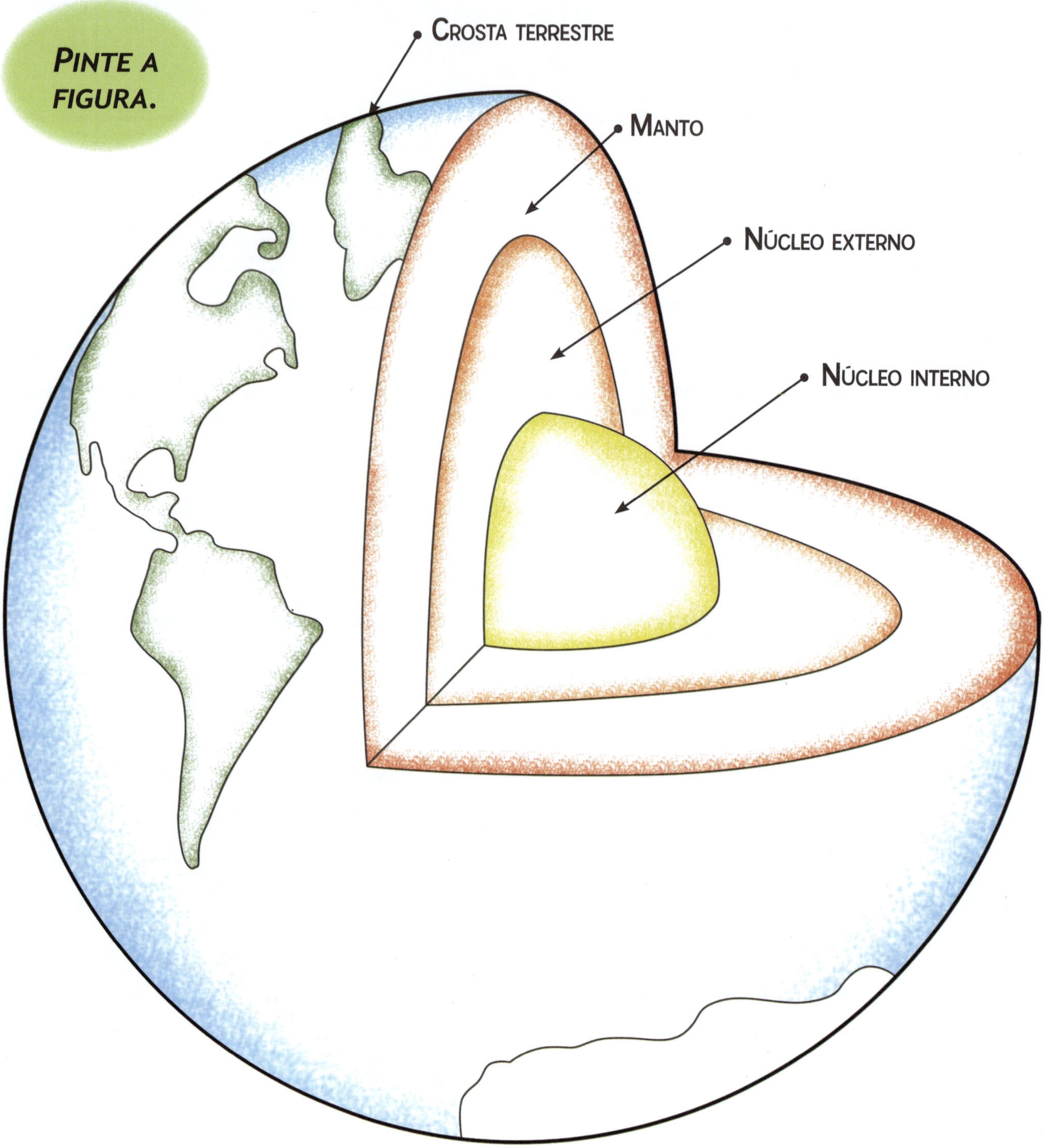

- Crosta terrestre
- Manto
- Núcleo externo
- Núcleo interno

A Rotação da Terra

A Terra gira feito um pião em seu eixo. Um eixo é uma linha imaginária passando pelo centro da Terra. A Terra completa uma rotação em cerca de 23 horas, 56 minuitos e 4 segundos, no sentido anti-horário.

Pinte a figura.

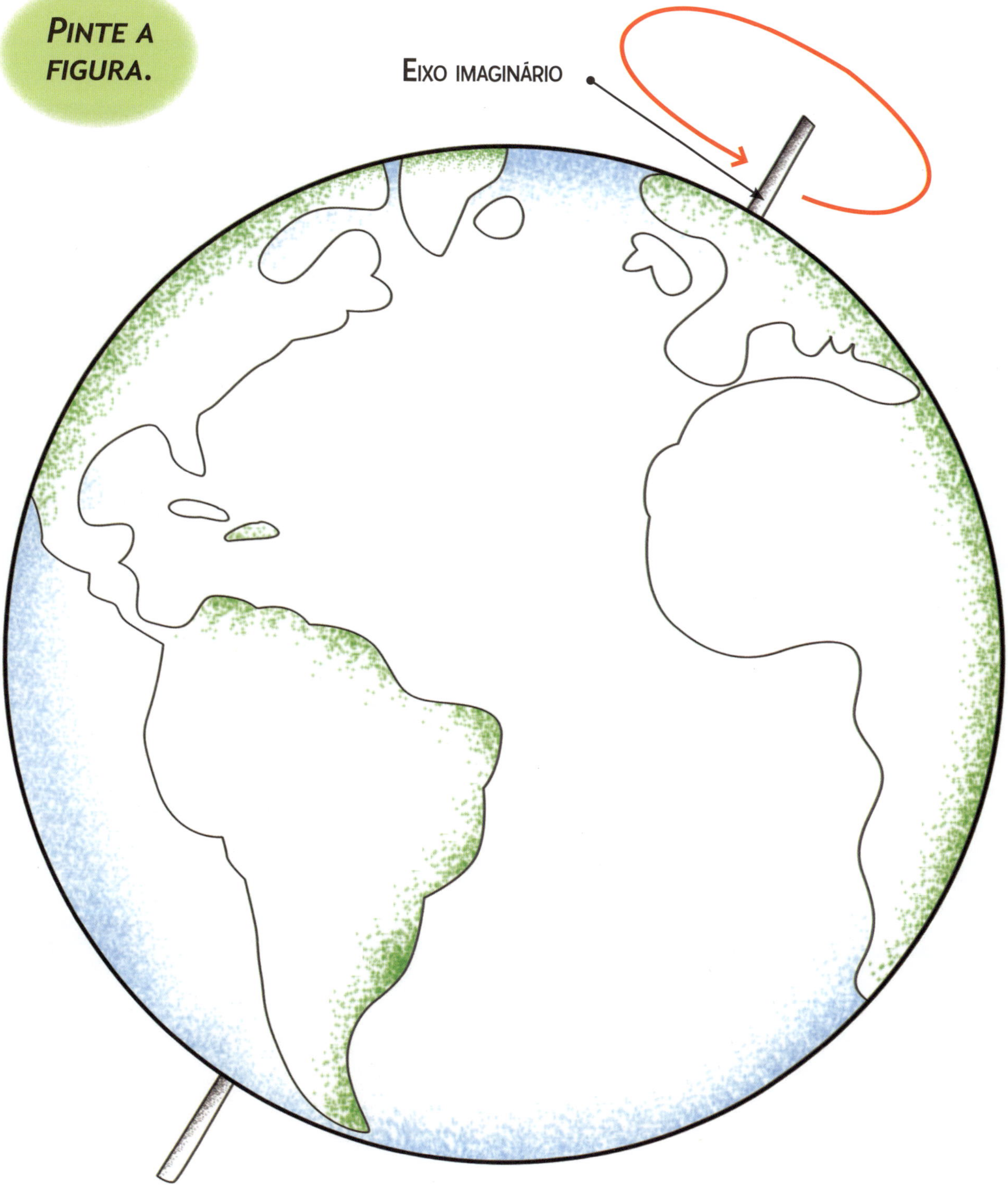

Eixo imaginário

DIA E NOITE

A Terra se move ao redor do Sol. A parte da Terra virada para o Sol tem dia e a parte da Terra longe do Sol tem noite.

> Pinte a figura. Pinte de amarelo a parte da Terra que está de dia e de preto a parte da Terra que está de noite.

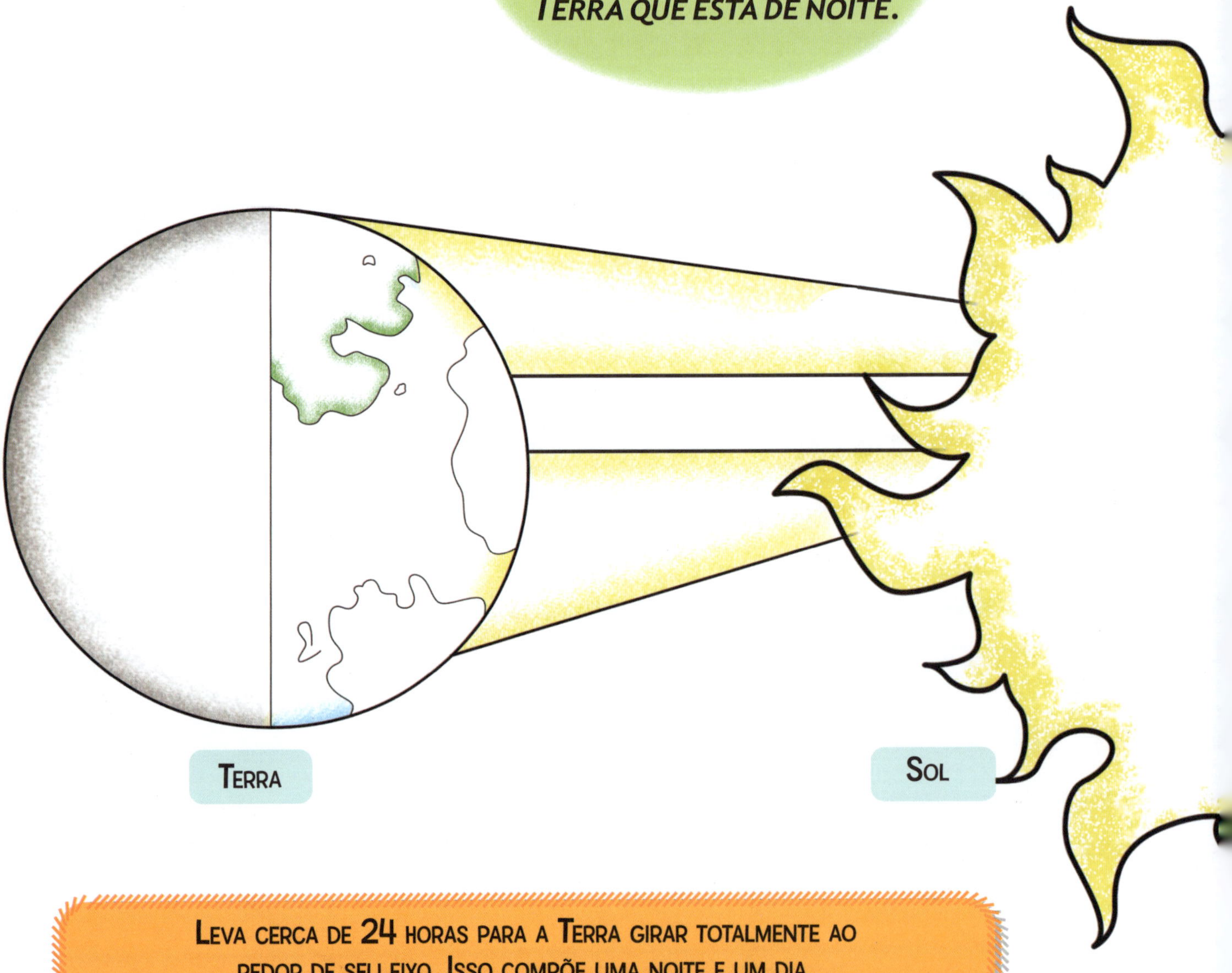

Terra   Sol

Leva cerca de 24 horas para a Terra girar totalmente ao redor de seu eixo. Isso compõe uma noite e um dia.

A TERRA E OS RELEVOS

A Translação da Terra

Translação é o movimento que a Terra realiza ao redor do Sol. Essa volta leva 365 dias, equivalente a um ano.

Pinte a figura.

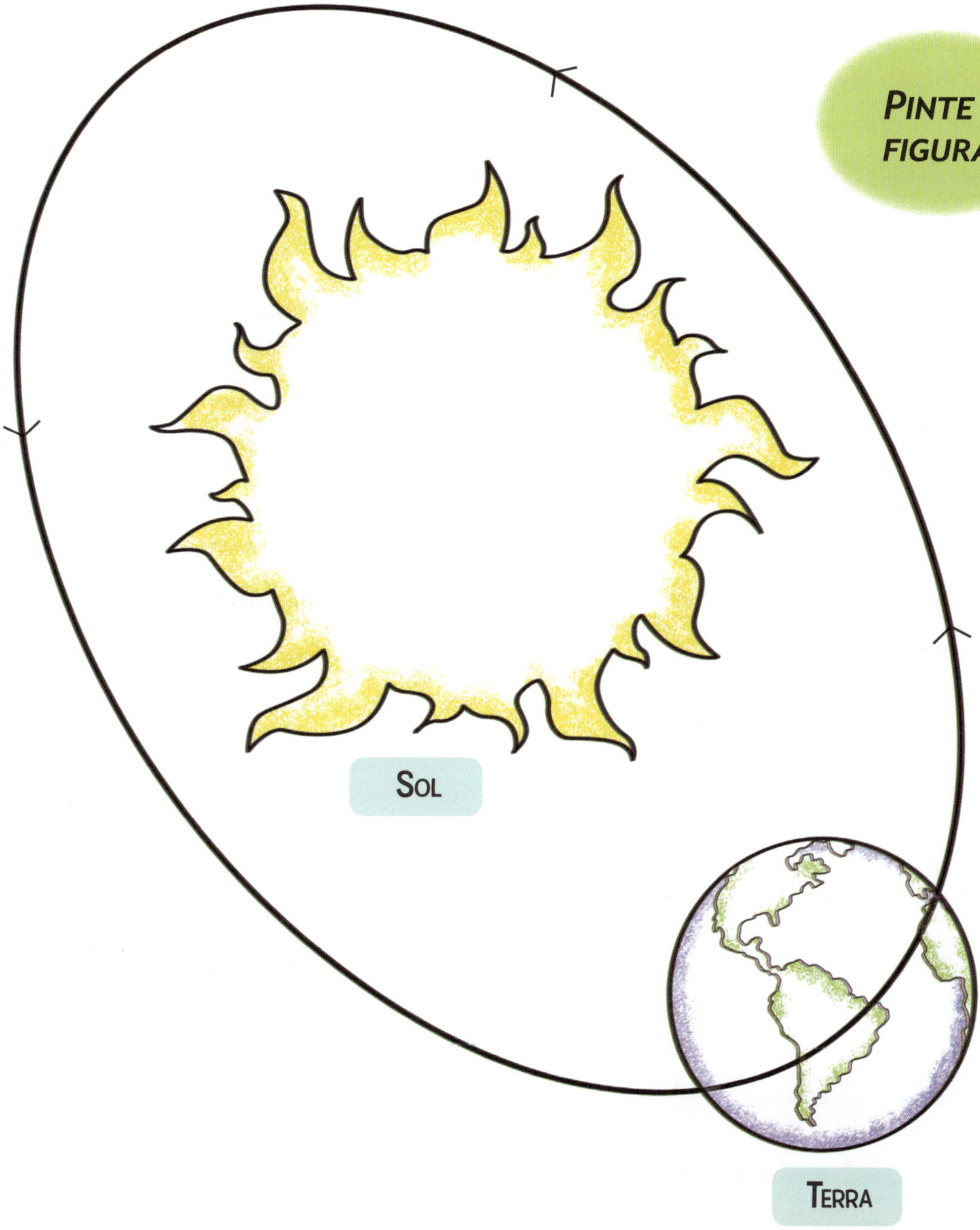

Sol

Terra

A Terra gira ao redor do Sol em uma direção anti-horária.

A TERRA E OS RELEVOS

Os Recursos Naturais

Coisas que são encontradas em nosso meio ambiente e que são úteis para suprirmos nossas necessidades são chamadas de recursos naturais. O ar e a água são recursos naturais renováveis.

Rochas

Água

Petróleo

Os combustíveis fósseis como carvão, petróleo e gás são recursos naturais não renováveis. Eles levam milhões de anos para se formar.

Pinte a figura.

Animais

Solo

Floresta

Os recursos naturais não renováveis não podem ser substituídos facilmente uma vez que forem esgotados.

A TERRA E OS RELEVOS

As Camadas da Floresta

Uma floresta típica consiste em quatro camadas distintas. As espécies diferentes de árvores crescem em camadas diferentes.

Pinte a figura.

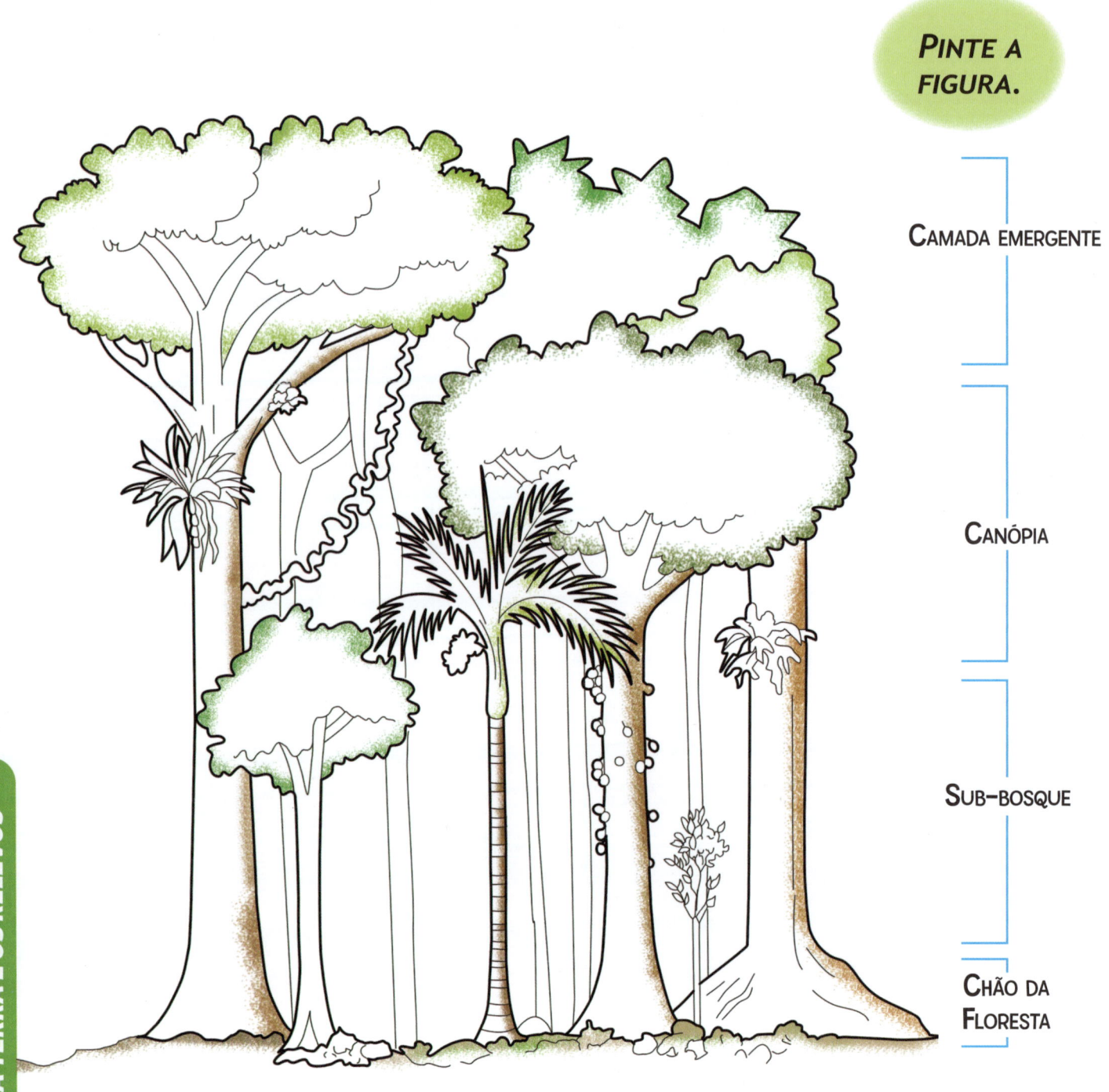

- Camada emergente
- Canópia
- Sub-bosque
- Chão da Floresta

Platô

Uma colina com um cume plano é chamada de platô. Ele também é chamado de planalto. Os platôs ocorrem em todo continente.

Pinte o platô.

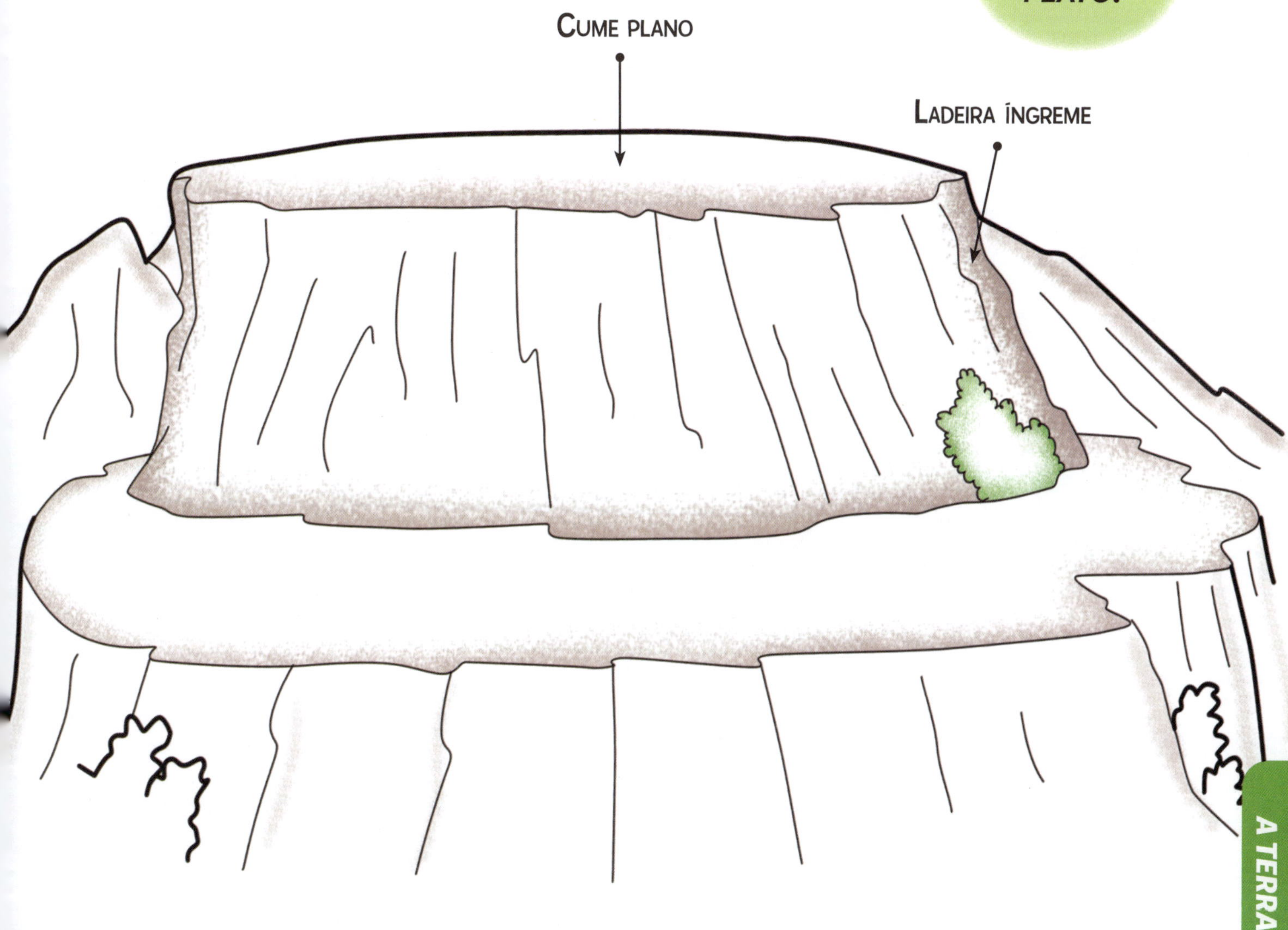

Cume plano

Ladeira íngreme

Os platôs são construídos com o passar de milhões de anos! O maior platô do mundo é o Platô Tibetano, localizado na Ásia Central.

A TERRA E OS RELEVOS

Montanhas

A montanha é um grande relevo que é muito mais alto do que a terra ao seu redor. Uma cordilheira é um conjunto ou uma cadeia de montanhas que estão perto uma da outra.

Pinte as montanhas.

Cume nevado

As casas têm telhados inclinados.

A TERRA E OS RELEVOS

PLANÍCIES

Uma planície é um grande pedaço de terra plana. As planícies são densamente populosas, pois são férteis. Elas possuem sistema de transporte bem desenvolvido. Muitos dos rios do mundo são cercados por planícies.

Pinte a figura.

Terra plana

Planícies costeiras, pradarias e planícies congeladas (tundra) são diferentes tipos de planícies.

A TERRA E OS RELEVOS

VALE

UM VALE É UMA ÁREA BAIXA DE TERRA ENTRE MORROS OU MONTANHAS.

PINTE A FIGURA DE UM VALE.

MONTANHAS ALTAS

PARTE BAIXA DE TERRA

RIO

ILHA

Uma ilha é um pedaço de terra cercada de água por todos os lados. A Groenlândia é a maior ilha do mundo.

Pinte a figura.

Mar

Terra

Muitas ilhas são de origem vulcânica. As erupções vulcânicas debaixo do mar criam camadas de lava. Elas sobem acima da água e formam uma ilha.

A TERRA E OS RELEVOS

Lago

Um lago é uma massa d'água fresca que é cercada por terra de todos os lados. O lago mais profundo do mundo é o Lago Baikal, na Rússia.

Pinte a figura.

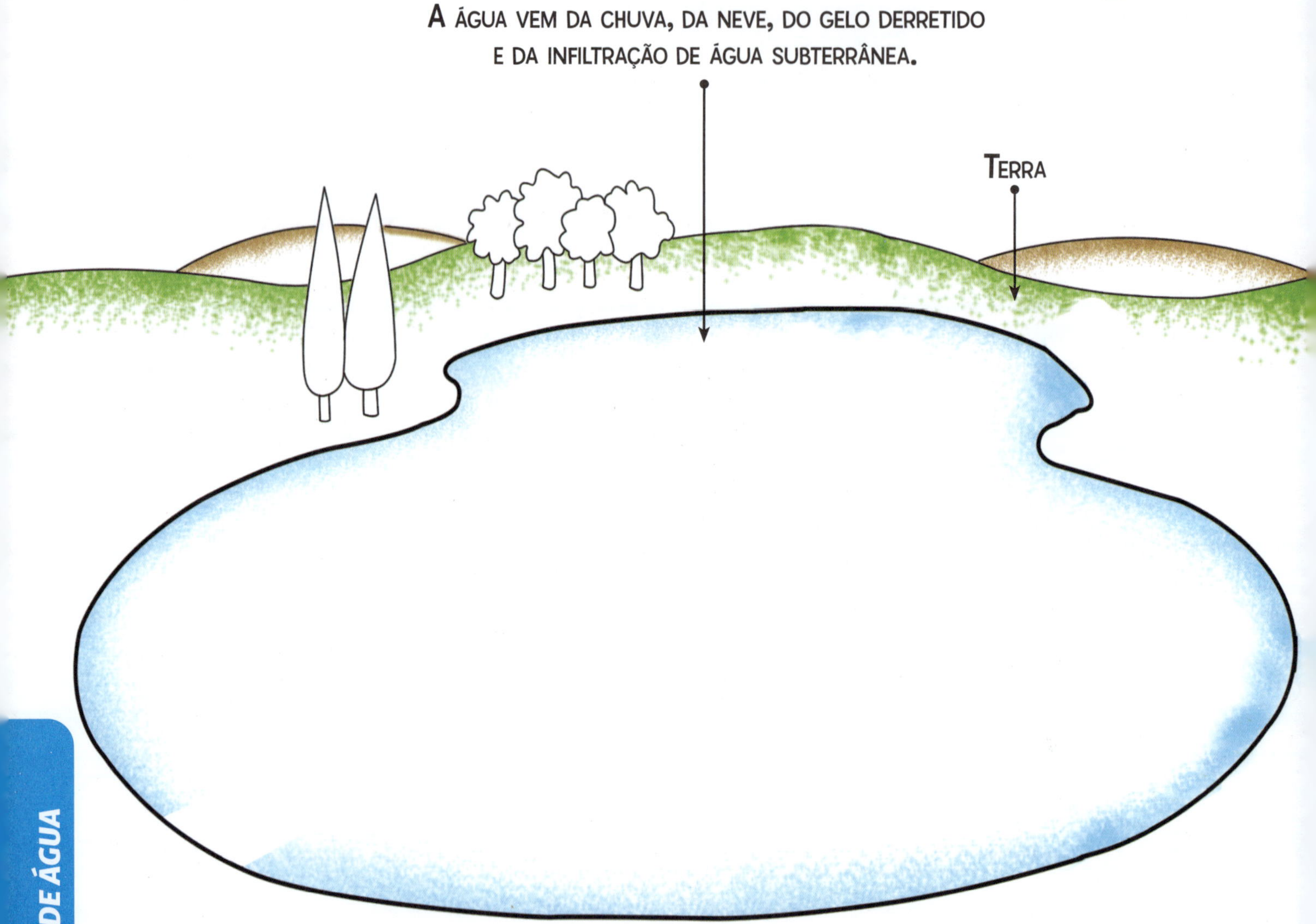

A água vem da chuva, da neve, do gelo derretido e da infiltração de água subterrânea.

Terra

Massas de água

Diferentes espécies de plantas e de animais vivem nos lagos, incluindo peixes, tartarugas e algas. Aves aquáticas dependem dos lagos para obter alimento, água e um lugar para viver.

Rio

Um rio é um grande córrego de água natural. Ele corre para o mar, lago ou outro rio. O rio mais extenso do mundo é o Rio Nilo.

O rio começa nas regiões montanhosas e flui descendo até o nível do mar.

Pinte a figura.

MASSAS DE ÁGUA

Cachoeira

Uma cachoeira é um lugar em um rio em que a água despenca repentinamente e cai de um penhasco formando uma piscina logo abaixo.

Pinte a figura.

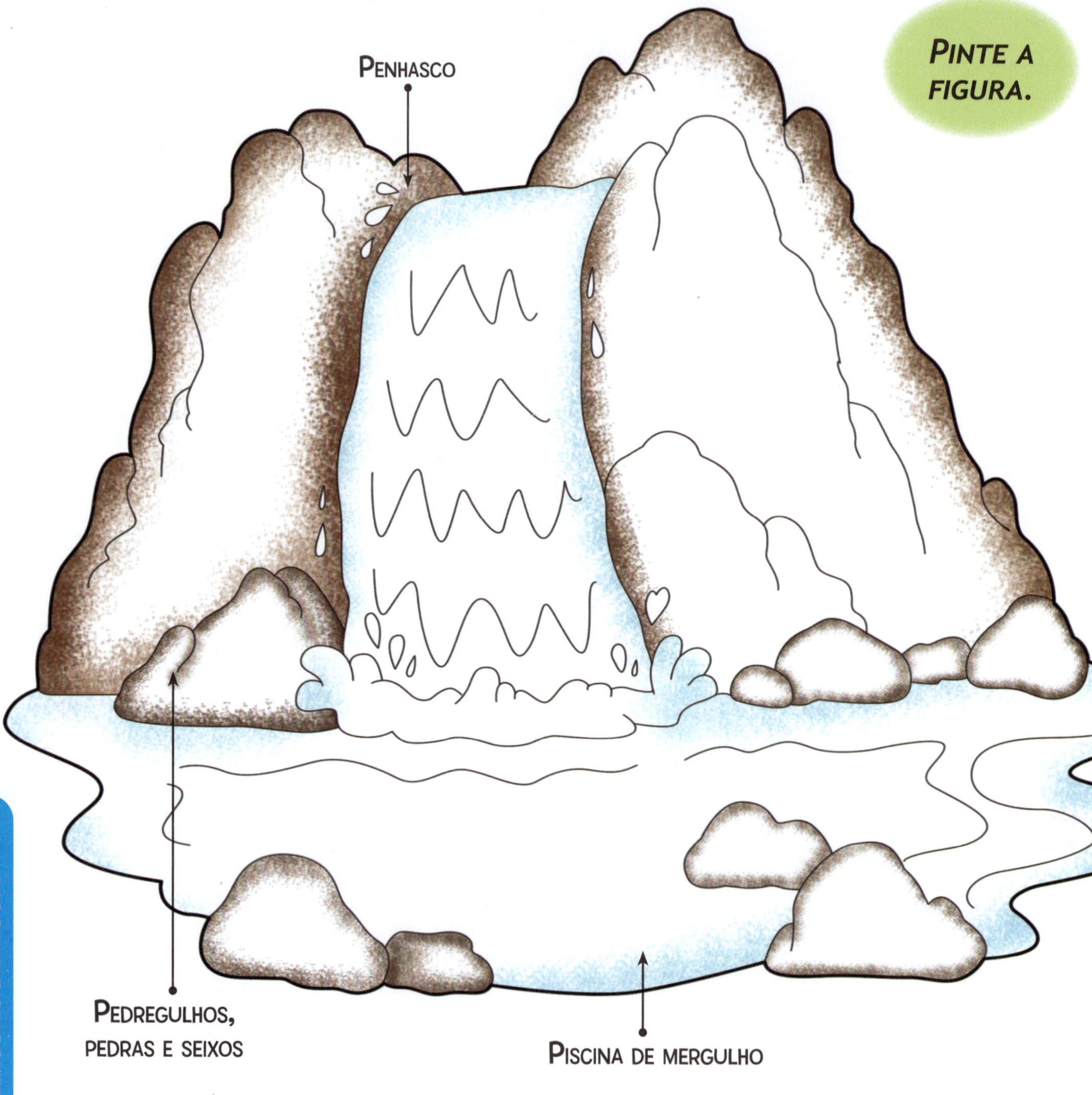

Penhasco

Pedregulhos, pedras e seixos

Piscina de mergulho

As cachoeiras são usadas para gerar energia hidrelétrica.

MASSAS DE ÁGUA

GELEIRA

Uma geleira é uma grande massa de gelo e neve. Ela é formada pelo acúmulo de flocos de neve durante um longo período. As geleiras se movem lentamente para baixo.

A neve recente se acumula depois da nevada.

Pinte a figura.

A neve derrete e flui embora.

Geleiras derretendo é um sinal de aquecimento global e mudança climática. Isso contribui para um aumento dos níveis do mar.

MASSAS DE ÁGUA

A Representação da Terra no Mapa

Um mapa é uma representação de toda ou de parte da superfície da Terra. Ele fornece muita informação sobre um lugar em particular.

Pinte o mapa do mundo. Também pinte de azul as massas de água.

MAPA E DIREÇÕES

38

Globo

Um globo é um modelo da Terra.

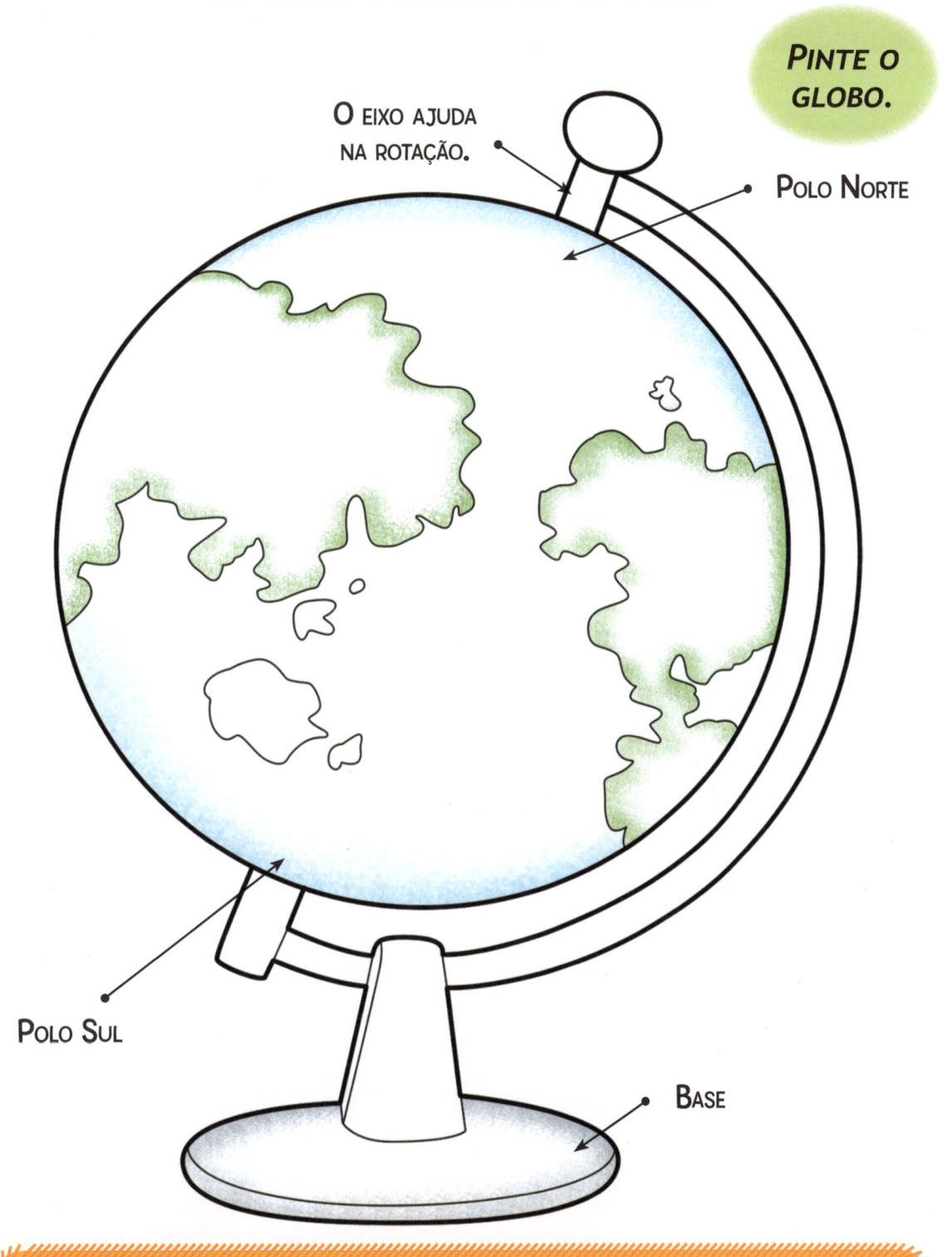

Pinte o globo.

O eixo ajuda na rotação.

Polo Norte

Polo Sul

Base

A palavra "globo" vem da palavra em latim "globus", que quer dizer "esfera".

MAPA E DIREÇÕES

DIREÇÕES

AS QUATRO DIREÇÕES PRINCIPAIS SÃO CHAMADAS DE DIREÇÕES CARDINAIS. ELAS SÃO LESTE, OESTE, NORTE E SUL.

LEIA O NOME DAS DIREÇÕES E PINTE A FIGURA.

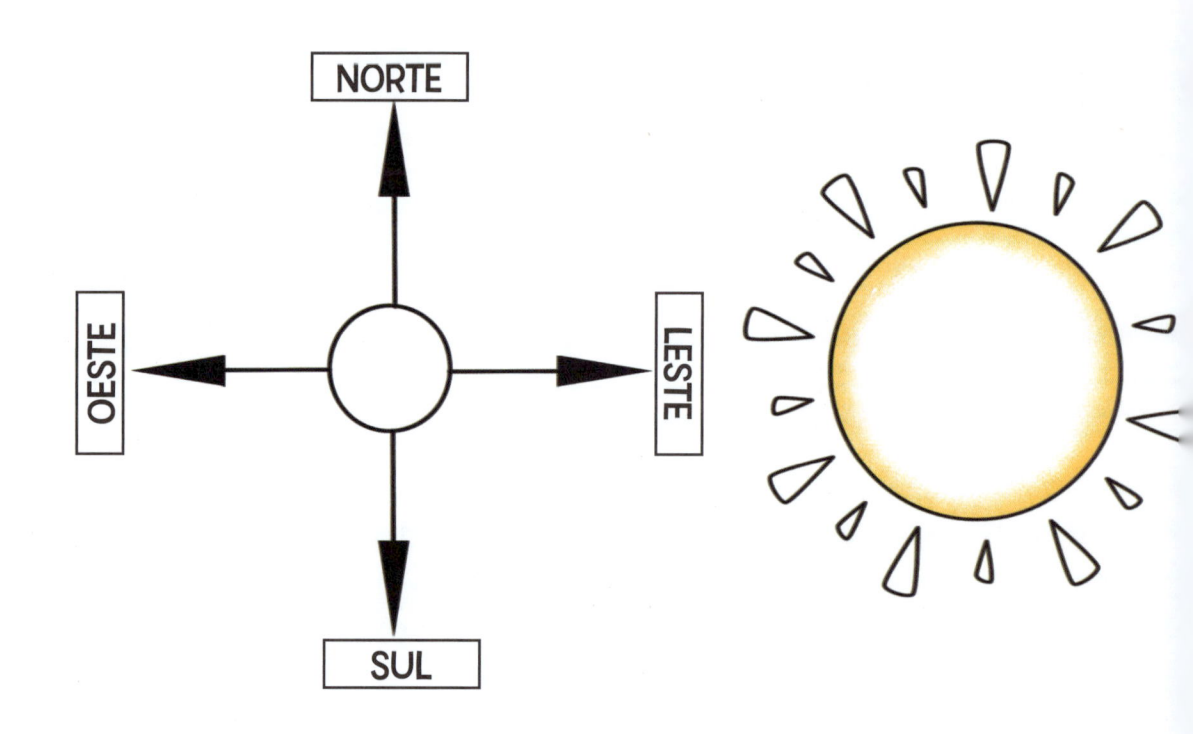

NORTE
OESTE
LESTE
SUL

PODEMOS VER O SOL NASCENDO NO LESTE.

MAPA E DIREÇÕES

Onde Você Está na Terra?

Você mora em uma casa. Onde fica a sua casa? Escreva a sua localização no formato dado.

Pinte a figura.

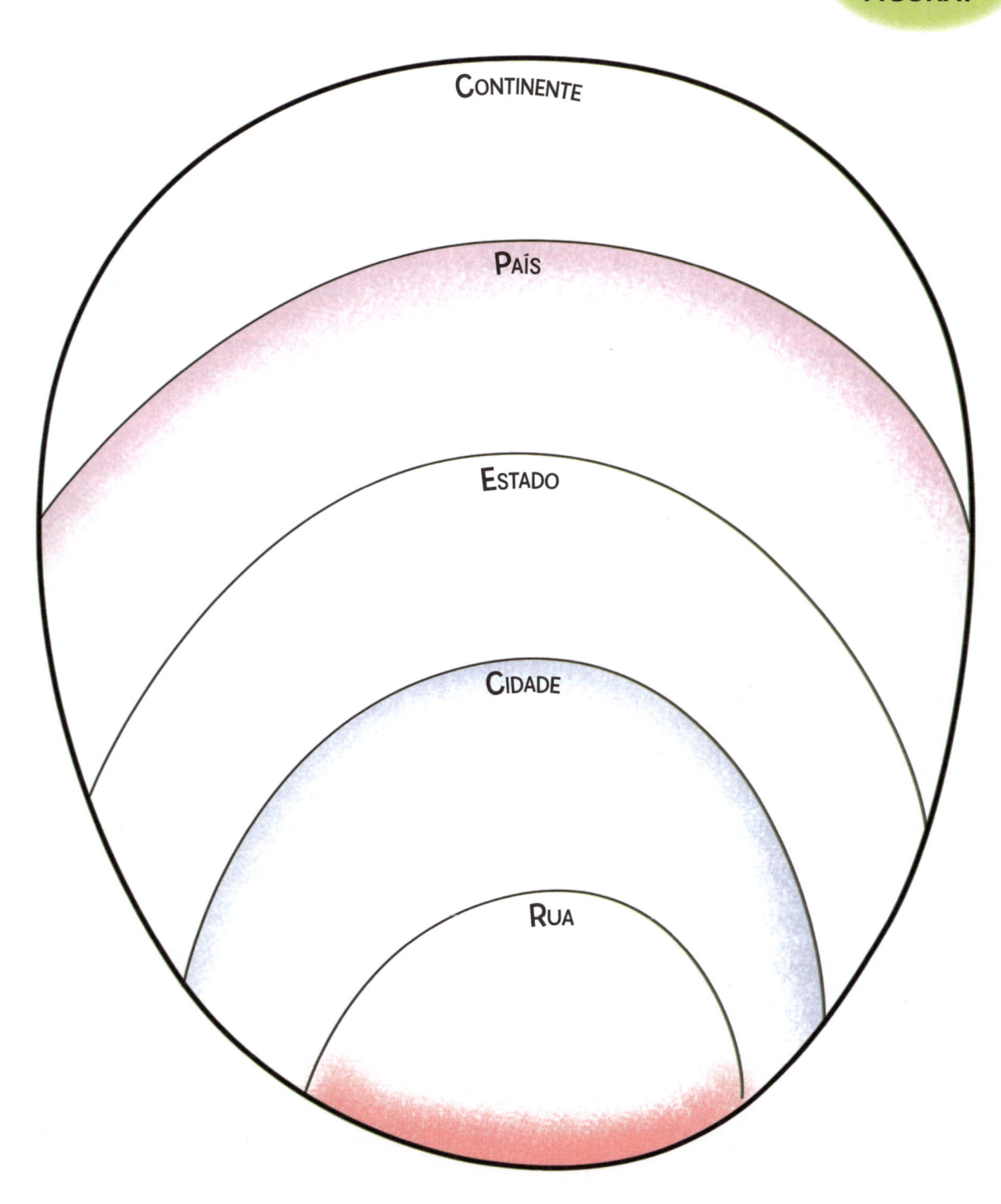

- Continente
- País
- Estado
- Cidade
- Rua

MAPA E DIREÇÕES

Cavernas, Arcos, Leixões e Escolhos

Quando as rochas junto da linha costeira começam a se desgastar, criam-se novos relevos. Eles formam cavernas, arcos, leixões e escolhos.

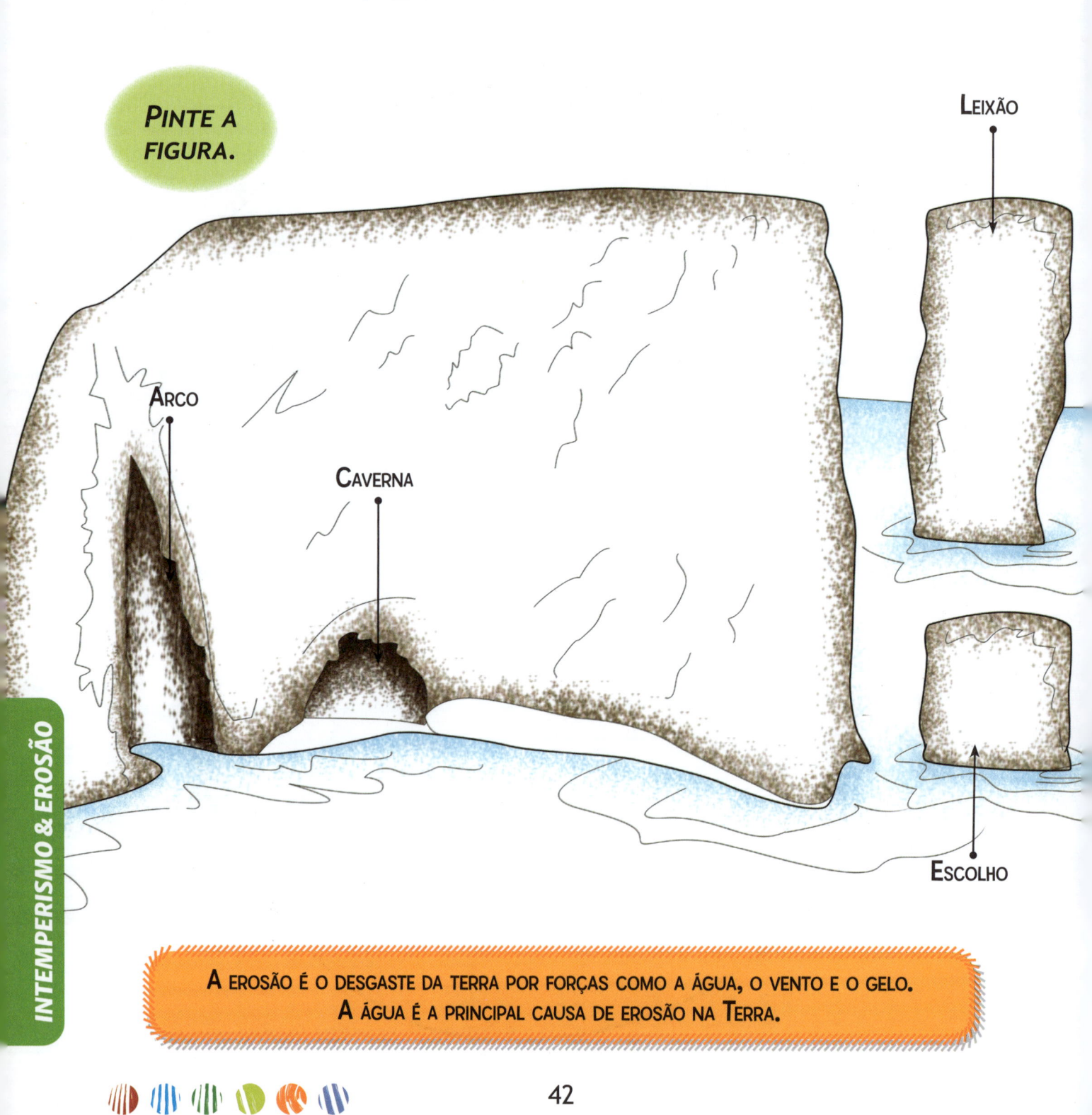

Pinte a figura.

Leixão

Arco

Caverna

Escolho

A erosão é o desgaste da Terra por forças como a água, o vento e o gelo. A água é a principal causa de erosão na Terra.

INTEMPERISMO & EROSÃO

PENHASCO

Um penhasco é uma grande massa de rocha que é muito alta. Os penhascos normalmente se formam por causa da erosão e do intemperismo. As cachoeiras despencam por cima dos penhascos.

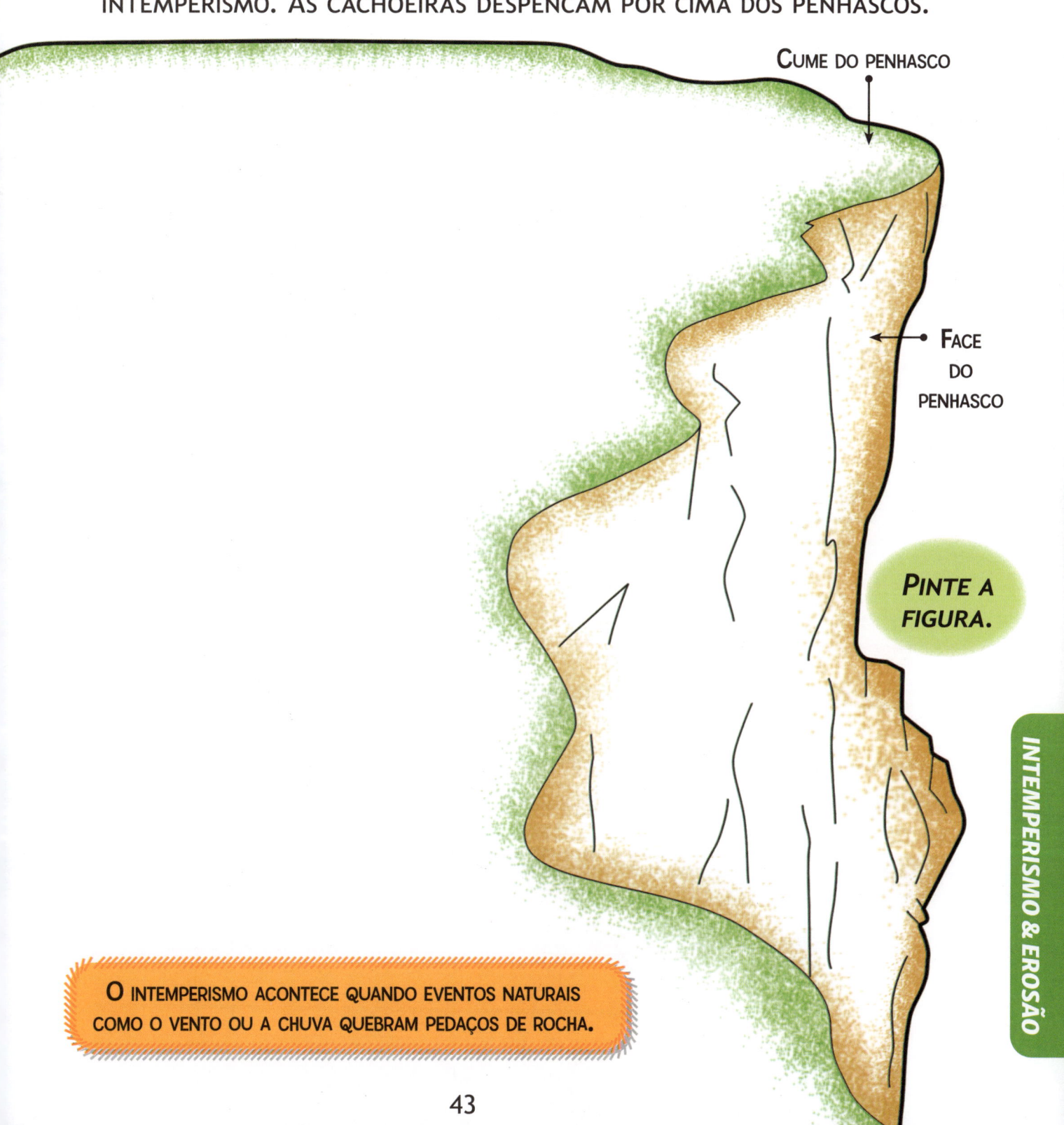

Cume do penhasco

Face do penhasco

Pinte a figura.

O intemperismo acontece quando eventos naturais como o vento ou a chuva quebram pedaços de rocha.

INTEMPERISMO & EROSÃO

CÂNION

Um cânion é um vale estreito e profundo cortado por um rio através de um rochedo. O mais extenso cânion do mundo é o *Grand Canyon*, no Arizona.

Pinte a figura.

Penhascos

Rio

INTEMPERISMO & EROSÃO

44

Rocha Cogumelo

Uma rocha cogumelo é uma rocha natural cujo formato se parece com um cogumelo. As rochas se deformam na maior parte pela erosão do vento e pelo intemperismo.

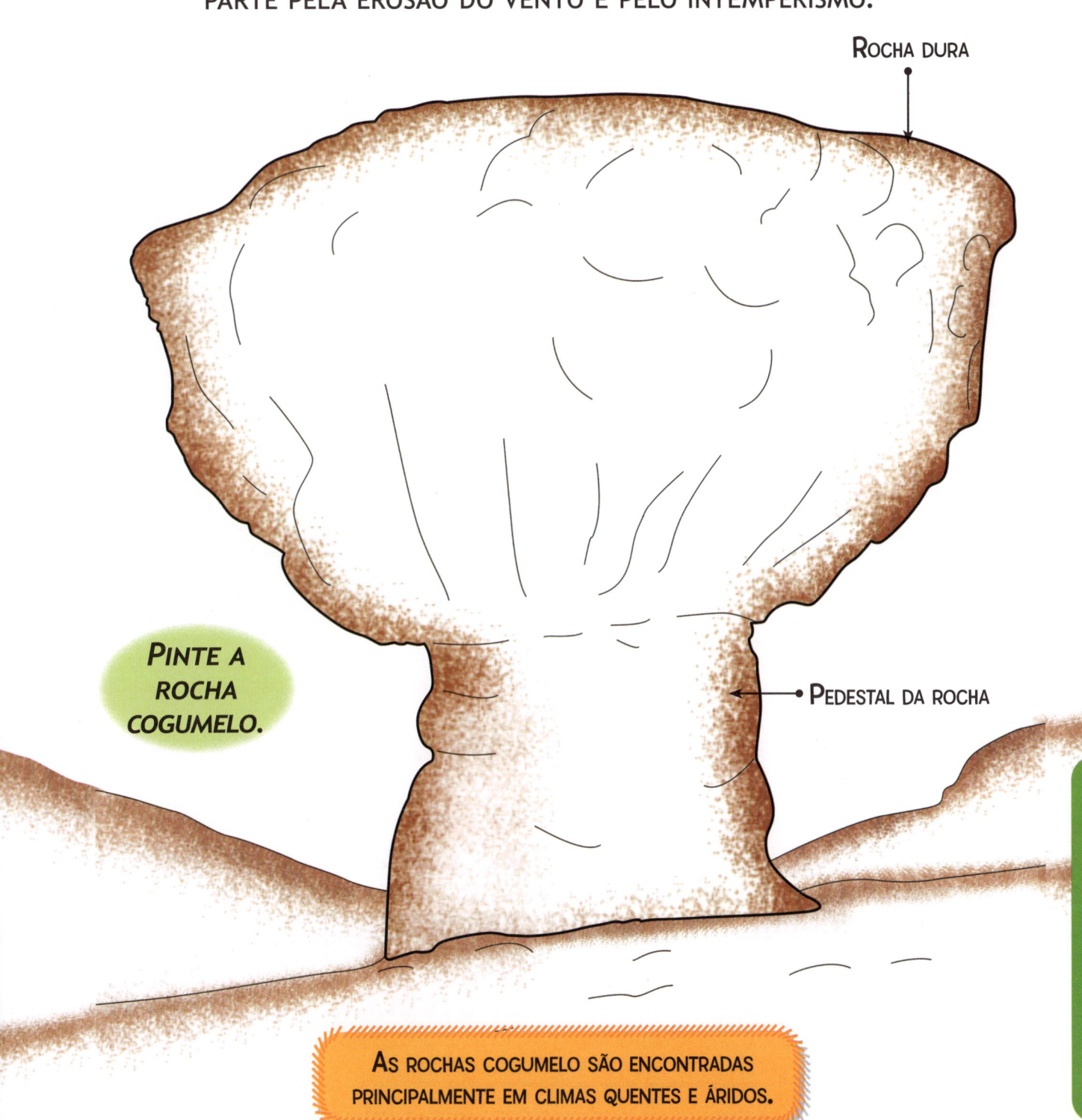

Rocha dura

Pedestal da rocha

Pinte a rocha cogumelo.

As rochas cogumelo são encontradas principalmente em climas quentes e áridos.

INTEMPERISMO & EROSÃO

SÍMBOLOS DO TEMPO

Os símbolos do tempo são usados para indicar diferentes condições climáticas.

NUBLADO

VENTOSO

CHUVOSO

PINTE AS FIGURAS.

TEMPESTUOSO

NEVOSO

ENSOLARADO

O TEMPO MUDA DEVIDO AOS VENTOS E ÀS TEMPESTADES.

CATA-VENTO

O CATA-VENTO É UMA FERRAMENTA QUE MOSTRA A DIREÇÃO DO VENTO.

PINTE A FIGURA.

OS CATA-VENTOS TÊM SIDO USADOS POR CENTENAS DE ANOS.

TEMPO E CLIMA

Termômetro Meteorológico

Um termômetro é uma ferramenta para medir as temperaturas de um determinado local. O mercúrio dentro de um tubo de vidro se expande e se levanta com o aumento da temperatura.

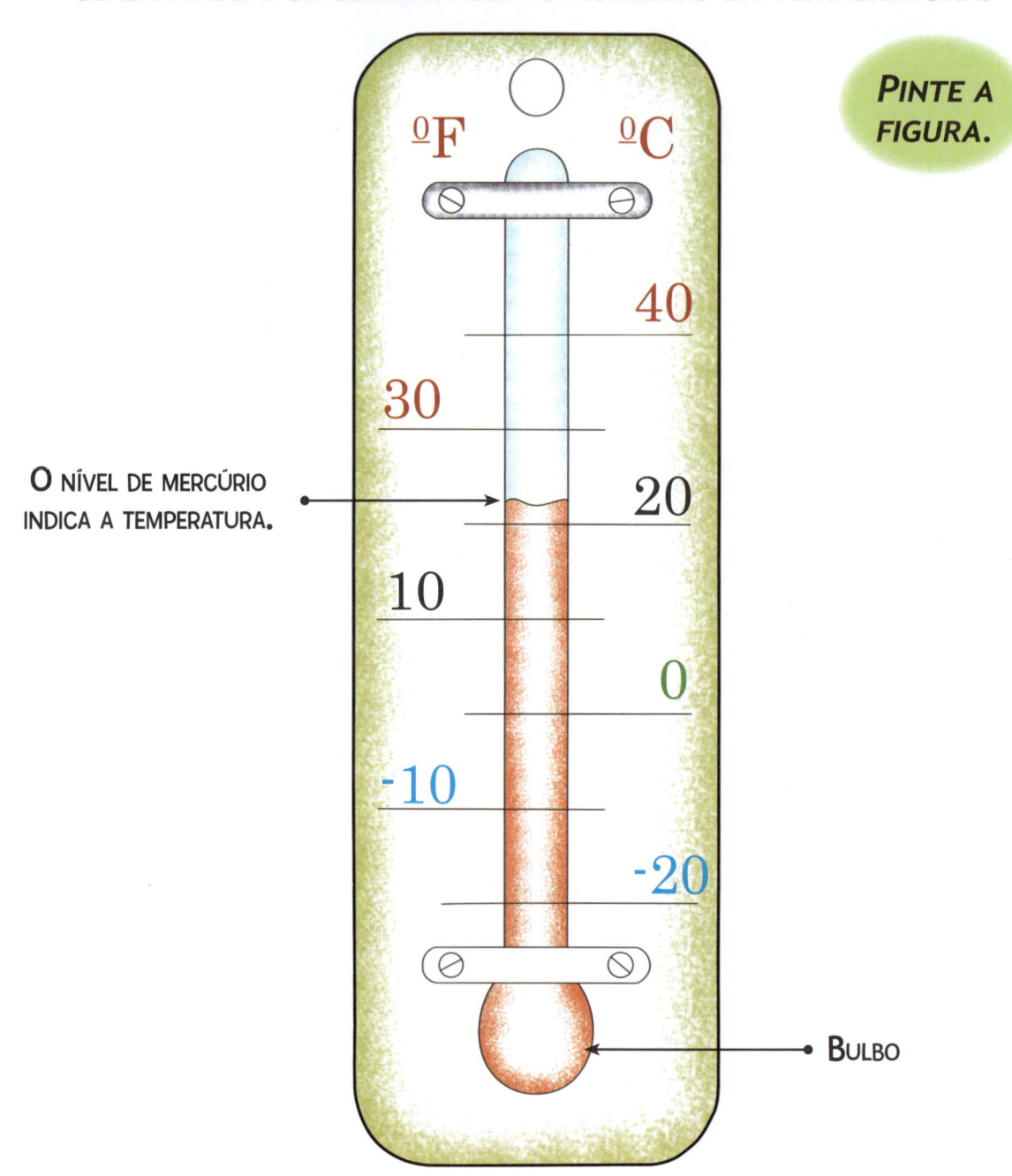

Pinte a figura.

O nível de mercúrio indica a temperatura.

°F °C
40
30
20
10
0
-10
-20

Bulbo

Para uma leitura precisa da temperatura, deve-se manter o termômetro meteorológico 1,5 metros acima do solo e longe da luz solar direta.

Anemômetro

Um anemômetro é um aparelho usado para medir a velocidade do vento. Ele ajuda os meteorologistas a estudarem padrões climáticos.

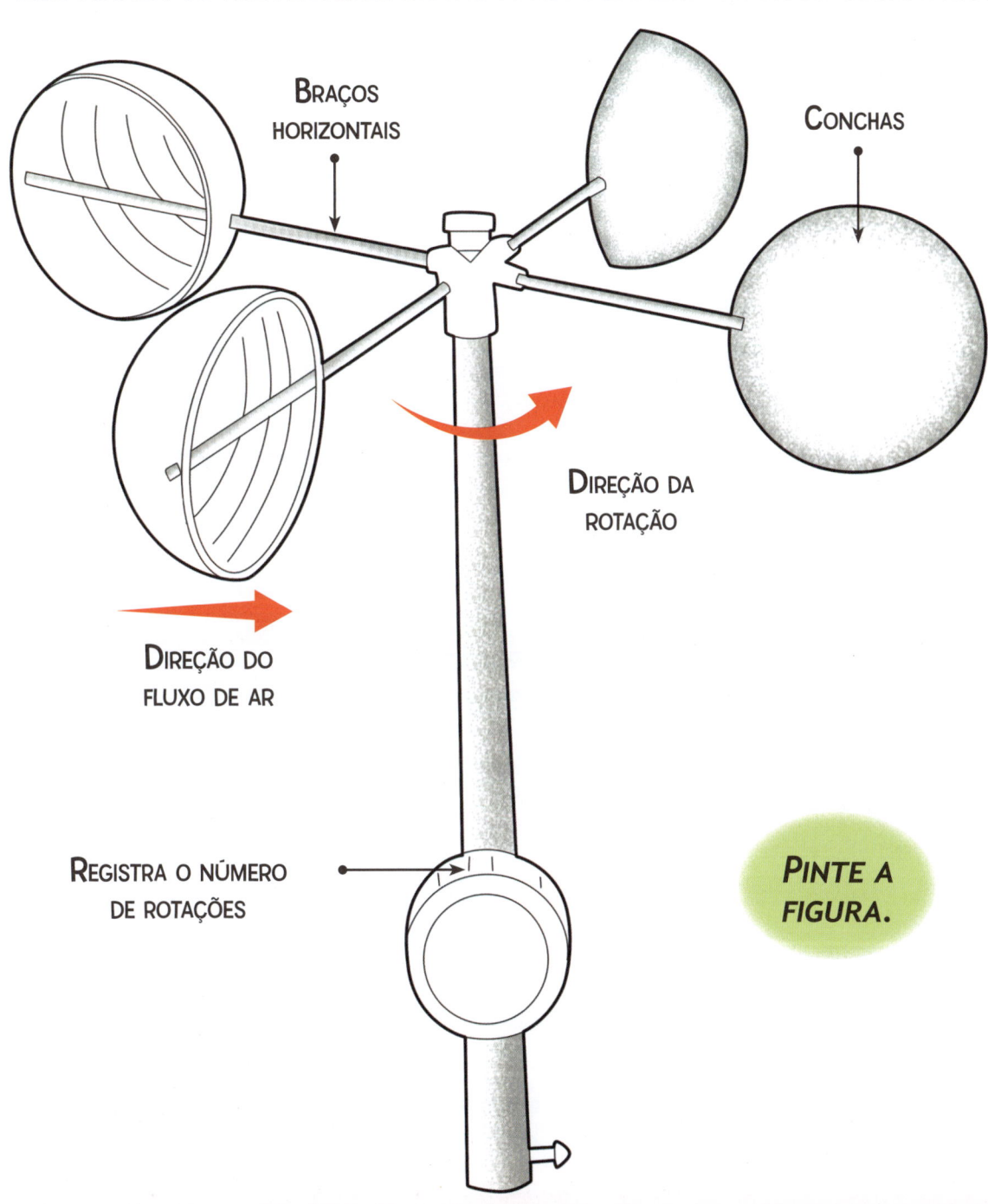

Braços horizontais

Conchas

Direção da rotação

Direção do fluxo de ar

Registra o número de rotações

Pinte a figura.

Um anemômetro é formado por pequenas conchas fixadas a uma haste. O vento faz as conchas e a haste girarem. A velocidade de giro das conchas é a medida da velocidade do vento.

TEMPO E CLIMA

LENTE DE AUMENTO

Uma lente de aumento é uma lupa. É usada para obter uma visão ampliada de um objeto ou de um detalhe.

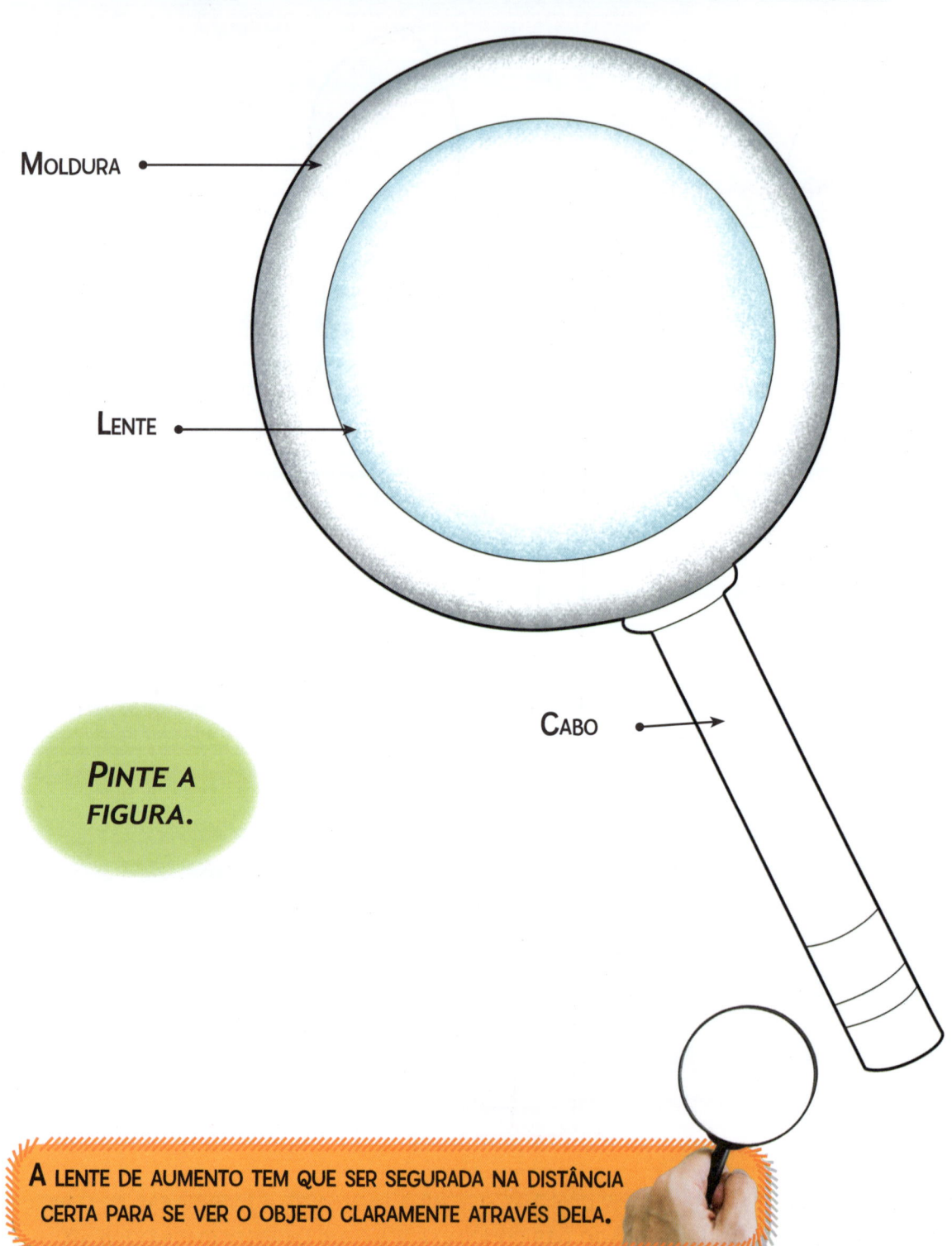

Moldura

Lente

Cabo

Pinte a figura.

A lente de aumento tem que ser segurada na distância certa para se ver o objeto claramente através dela.

Bússola Magnética

Uma bússola ajuda a encontrar as direções. Ela possui uma agulha magnética que é montada no meio do instrumento e que indica as direções.

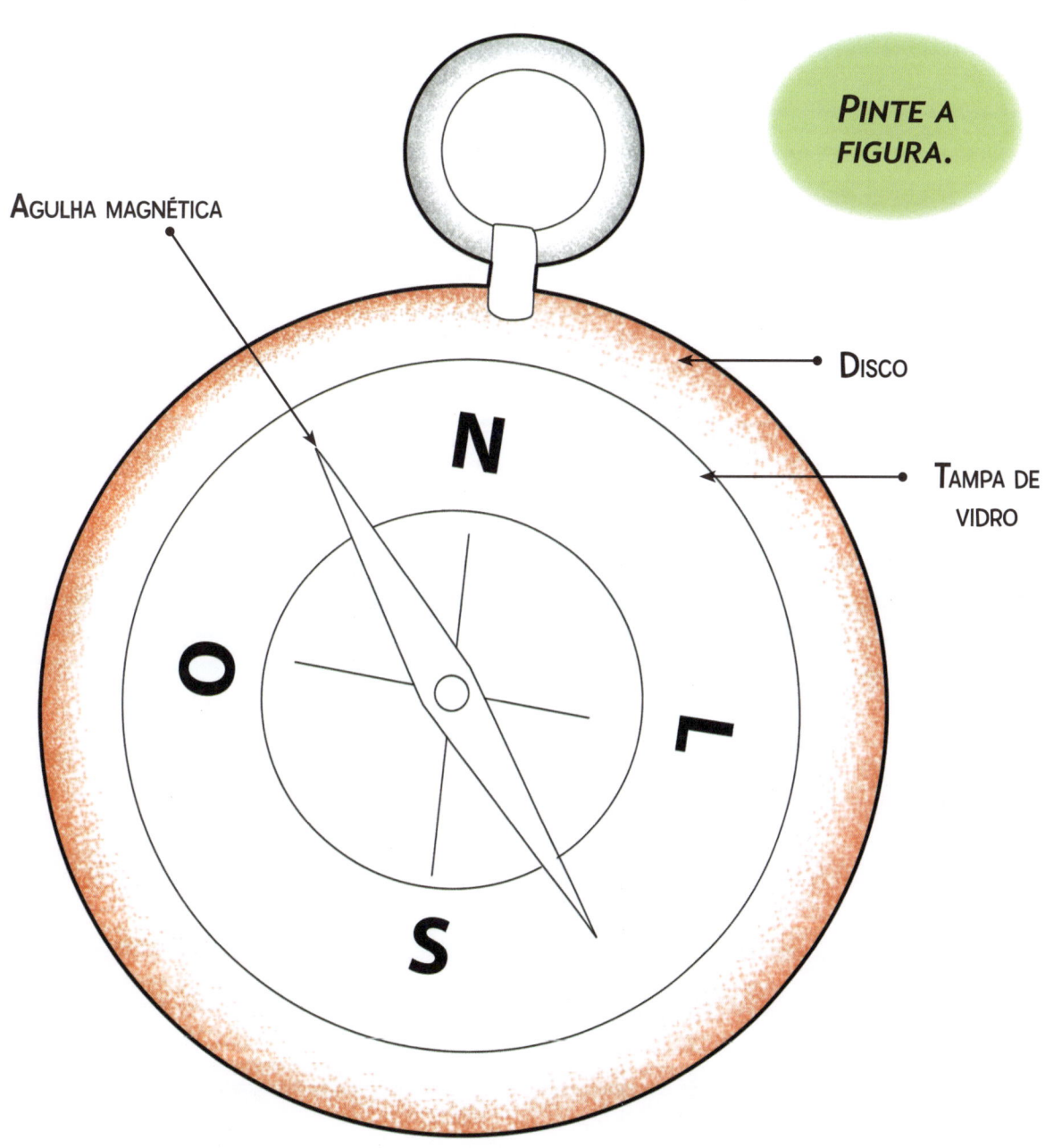

Pinte a figura.

- Agulha magnética
- Disco
- Tampa de vidro

Os pilotos e os marinheiros usam bússolas que ajudam a apontar a direção correta para navios e aviões.

TEMPO E CLIMA

Pluviômetro

Um pluviômetro é uma ferramenta usada para medir a quantidade de chuva em um período específico de tempo.

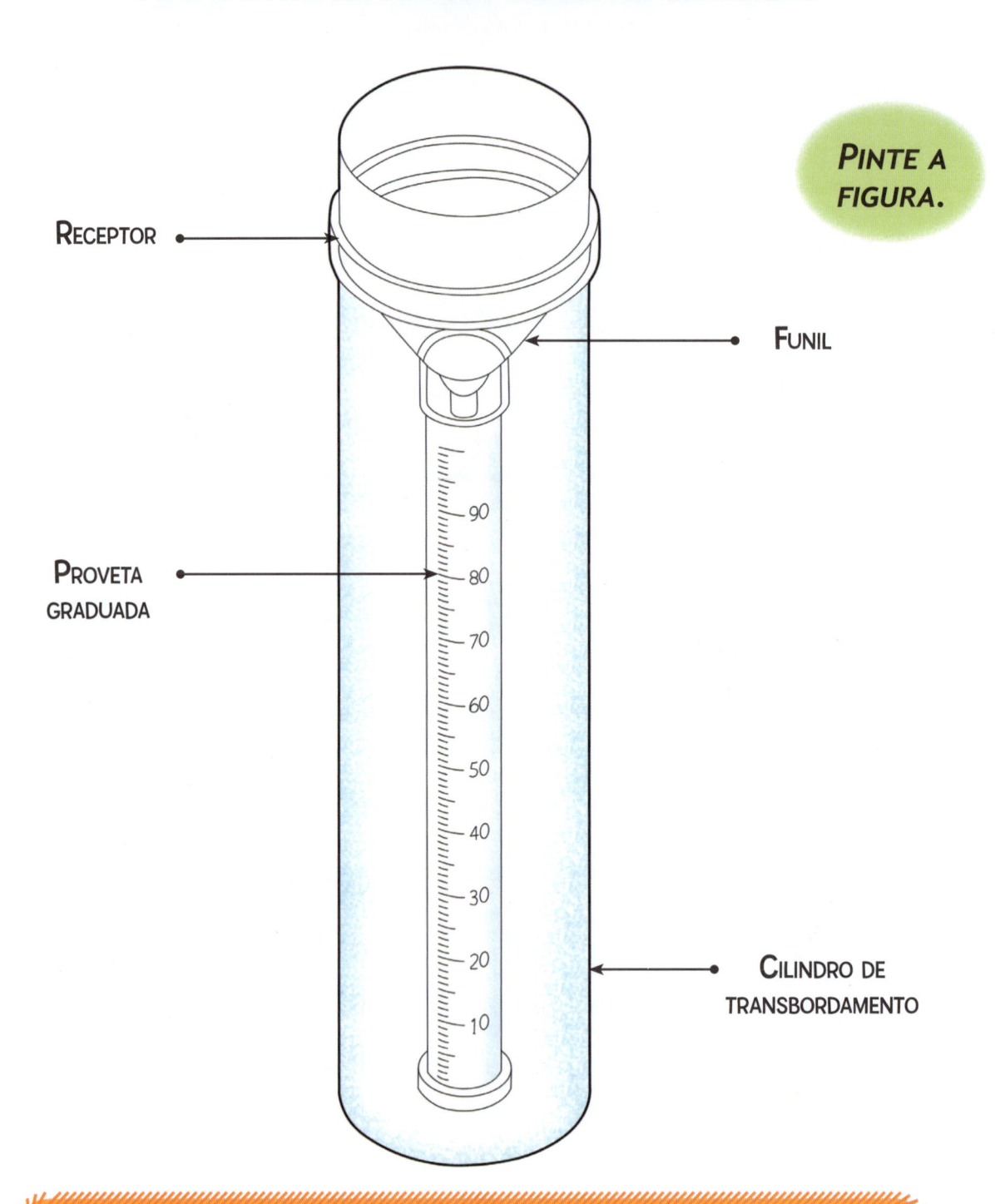

Pinte a figura.

- Receptor
- Funil
- Proveta graduada
- Cilindro de transbordamento

O pluviômetro é usado para monitorar perigos como enchentes e secas.

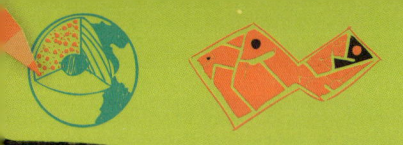

BARÔMETRO ANEROIDE

Um barômetro é um instrumento científico que se usa para medir a pressão do ar.

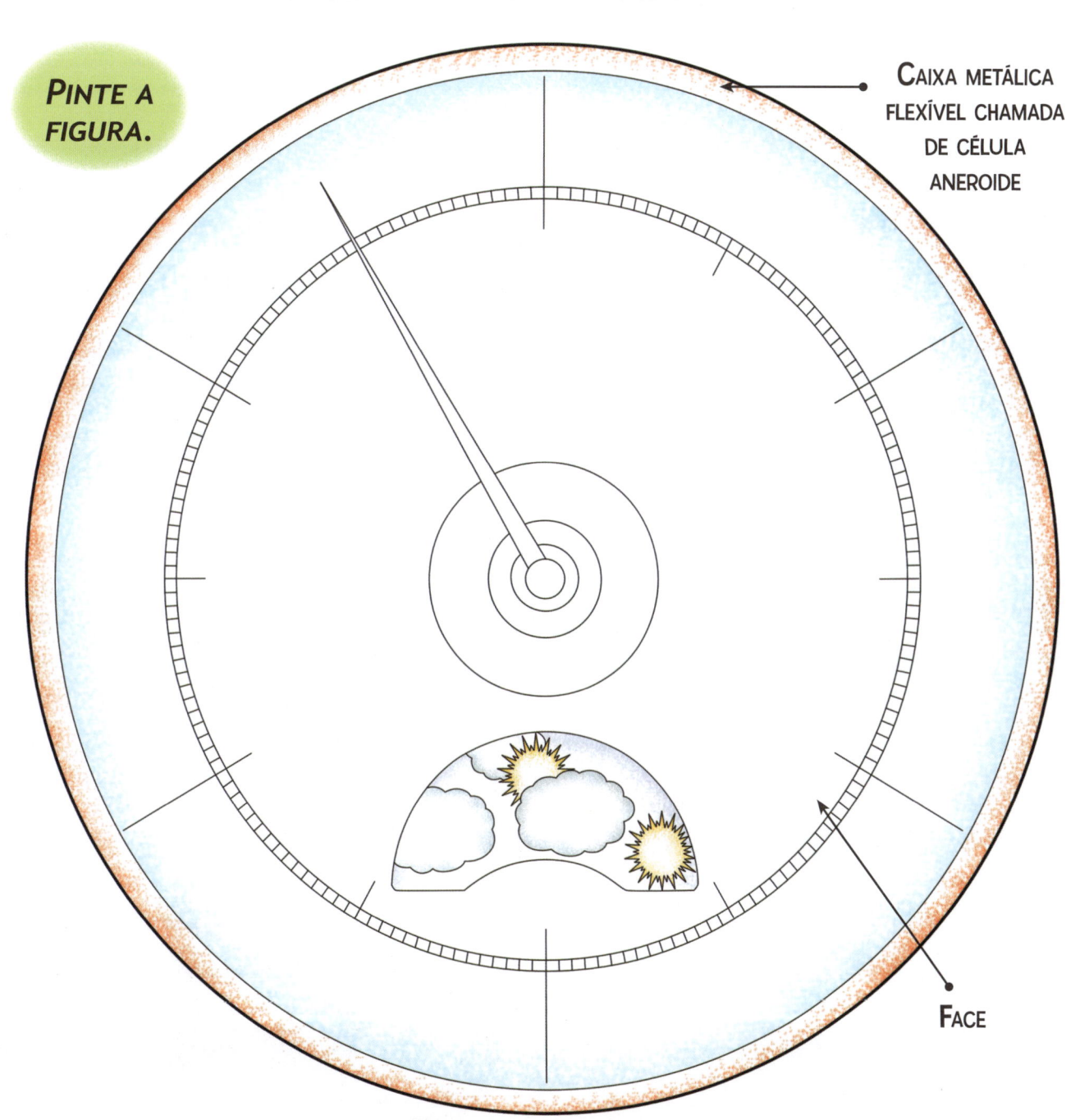

Pinte a figura.

Caixa metálica flexível chamada de célula aneroide

Face

Os meteorologistas usam barômetros para prever mudanças de curto prazo no tempo. A pressão baixa geralmente significa tempo chuvoso, enquanto a pressão alta indica tempo ameno.

TEMPO E CLIMA

Telescópio

Um telescópio é um aparelho com formato cilíndrico para a visualização de objetos celestiais.

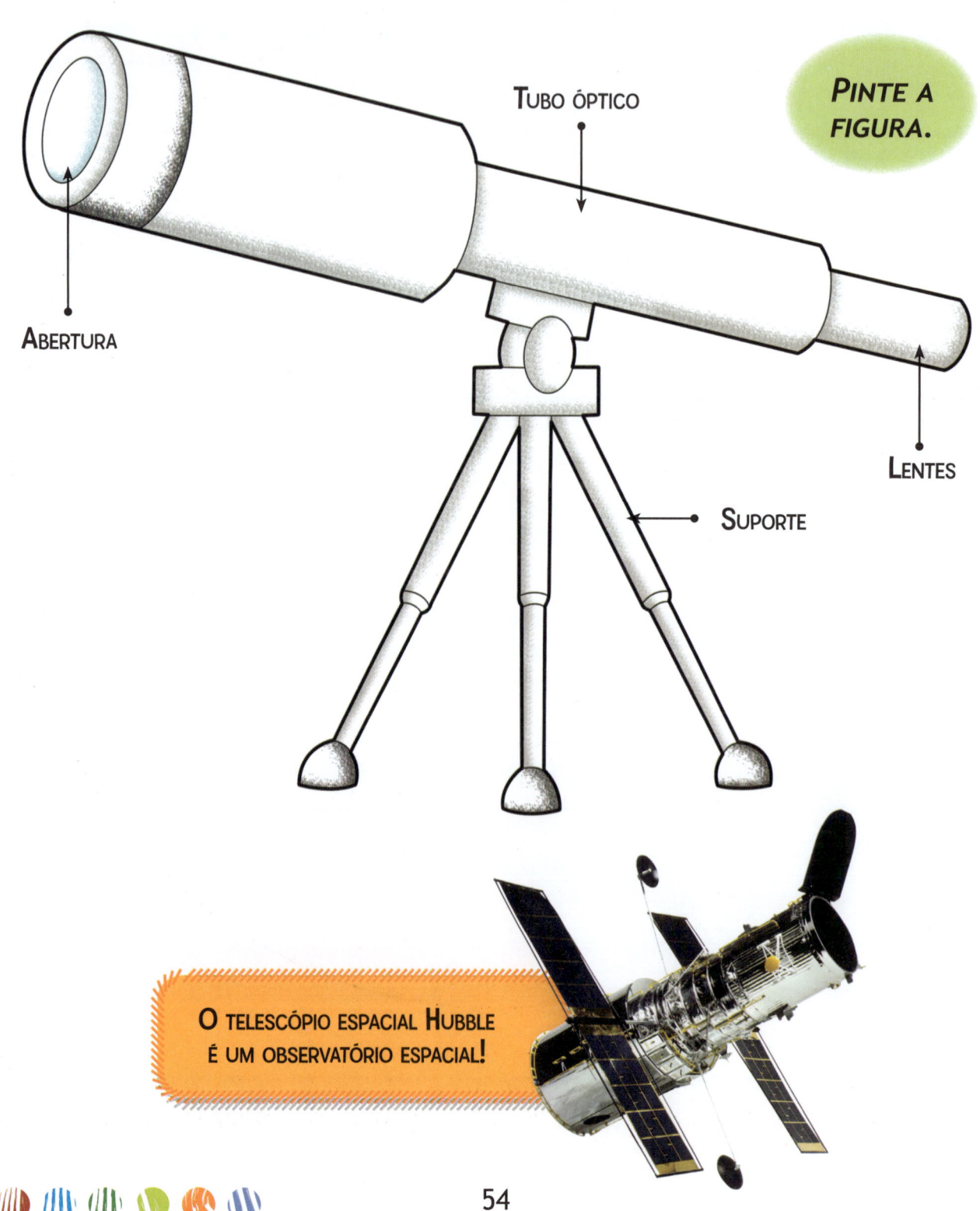

Tubo óptico

Pinte a figura.

Abertura

Lentes

Suporte

O telescópio espacial Hubble é um observatório espacial!

Viajar para o espaço

54

ASTRONAUTA

Um astronauta é uma pessoa treinada que pode viajar para o espaço. Ele usa um traje espacial especial.

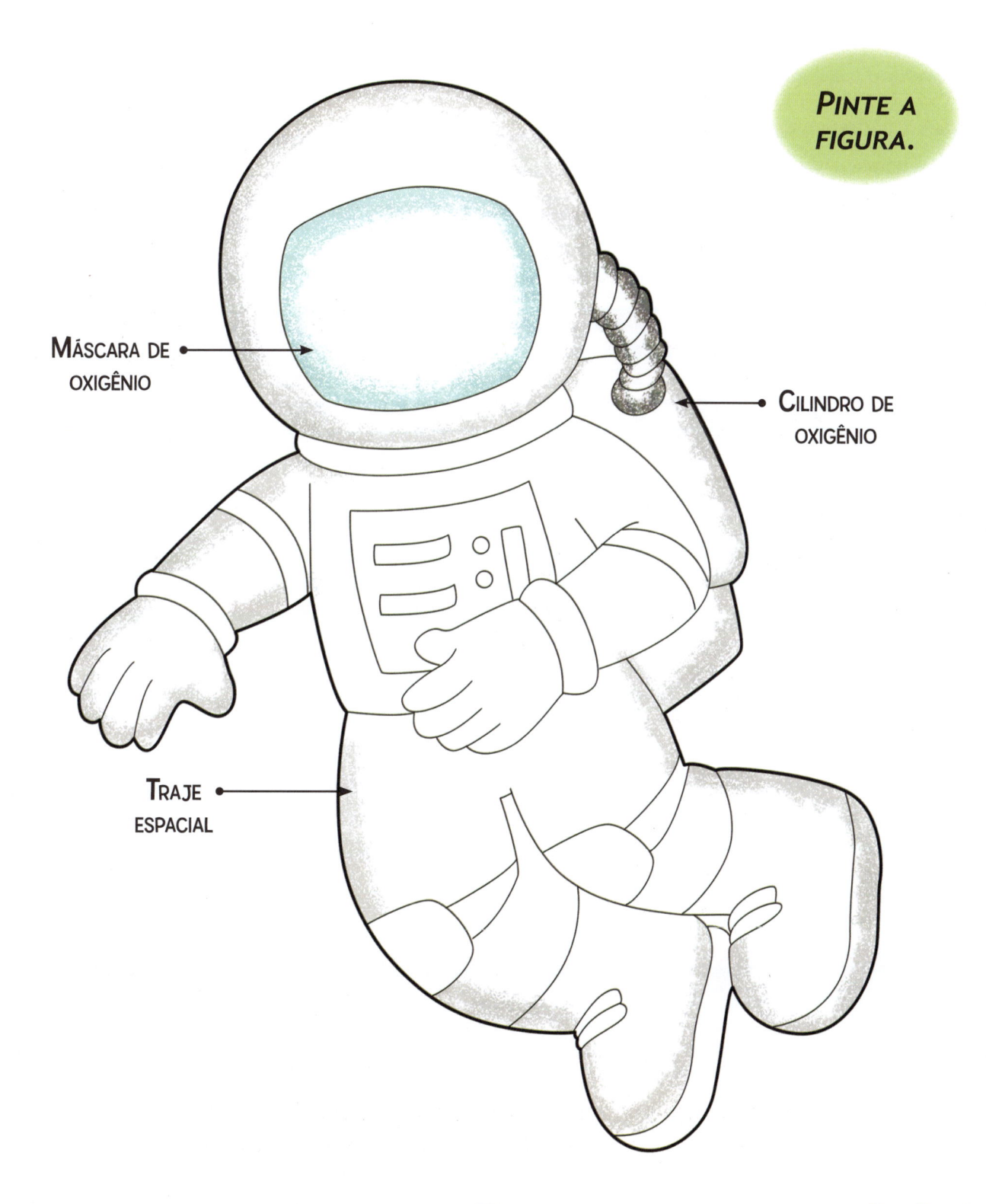

Pinte a figura.

- Máscara de oxigênio
- Cilindro de oxigênio
- Traje espacial

VIAJAR PARA O ESPAÇO

Satélite Artificial

Um satélite é um objeto no espaço que orbita ou circula ao redor de um objeto maior. A Estação Espacial Internacional é um satélite artificial.

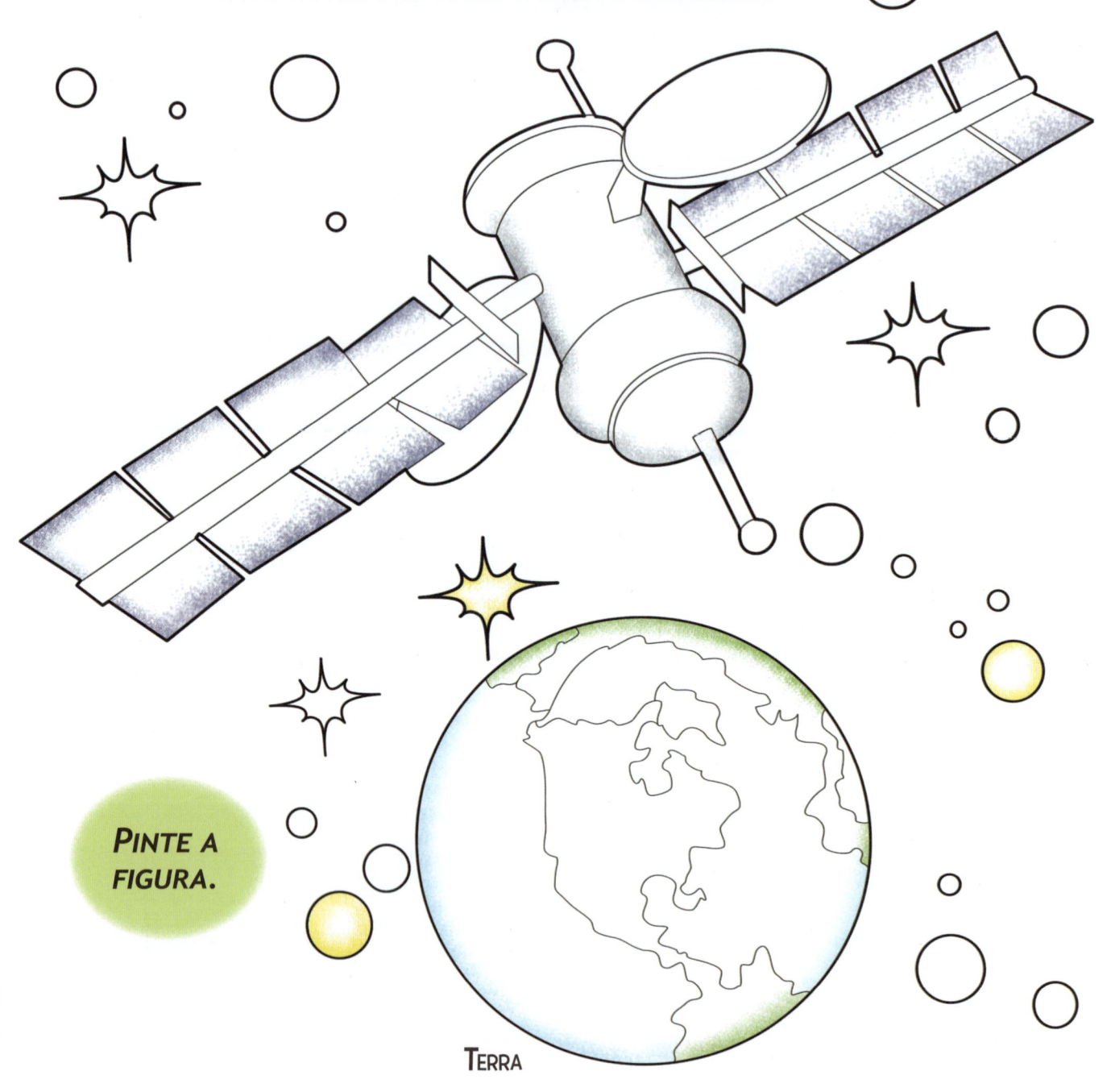

Pinte a figura.

Terra

Os satélites artificiais são usados na comunicação, na previsão do tempo e na coleta de informações sobre o Universo.

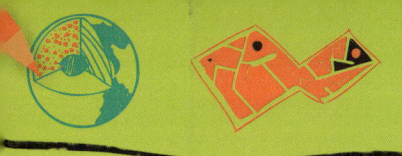

COMO A TERRA SE PARECE DO ESPAÇO

NÓS VIVEMOS NA TERRA. ELA PARECE UMA BOLA AZUL SE VISTA DO ESPAÇO.

PINTE A FIGURA.

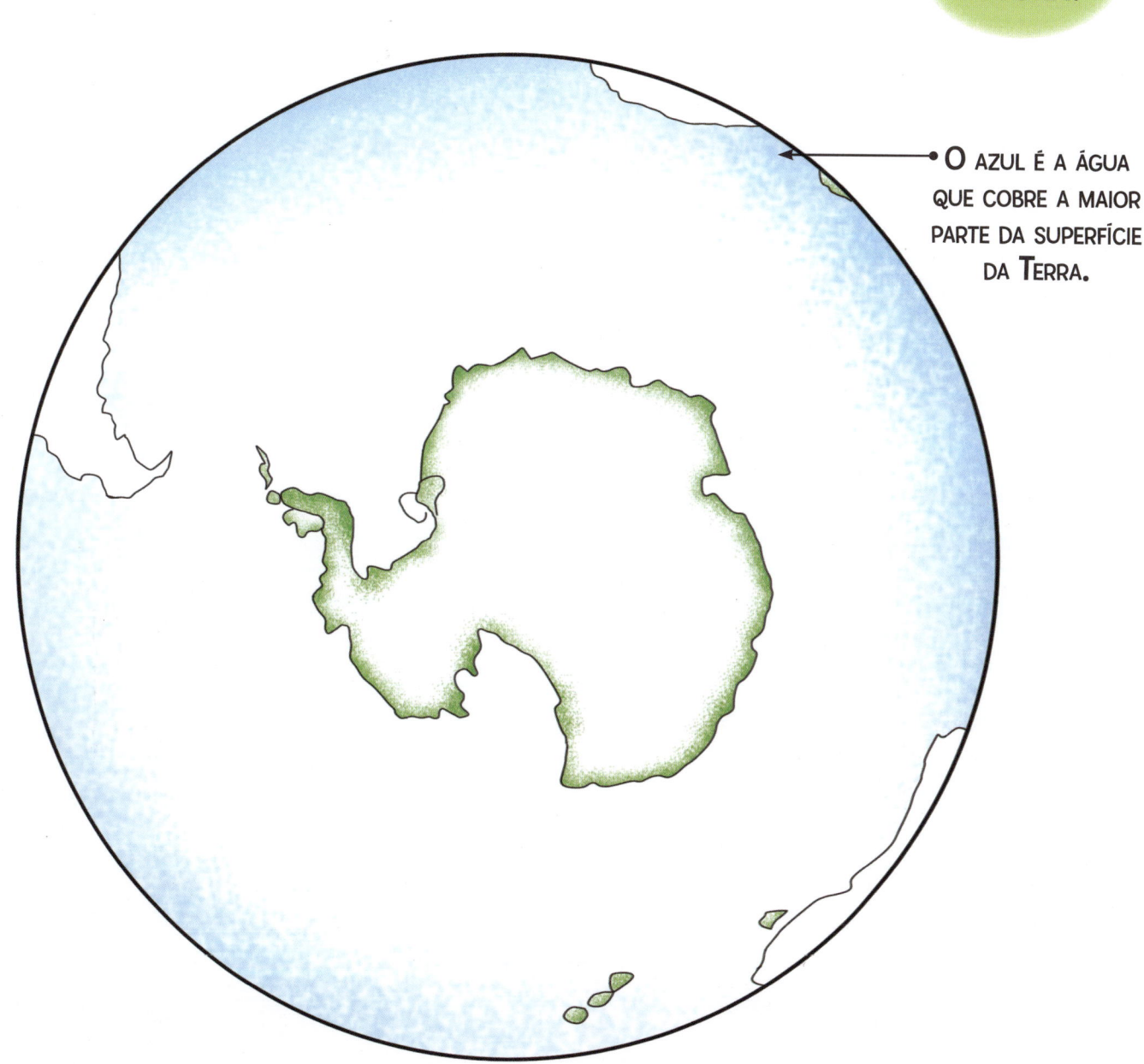

O AZUL É A ÁGUA QUE COBRE A MAIOR PARTE DA SUPERFÍCIE DA TERRA.

AS FOTOGRAFIAS DA TERRA TIRADAS NO ESPAÇO MOSTRAM REDEMOINHOS BRANCOS QUE SÃO NUVENS E RELEVOS EM MARROM, AMARELO E VERDE. ÁREAS BRANCAS SÃO GELO E NEVE.

VIAJAR PARA O ESPAÇO

A Exploração de Marte

Os cientistas enviaram para Marte veículos do tamanho de um carro chamados *"rovers"*. Eles verificam as possibilidades de vida e também o clima do planeta e os recursos naturais.

ROVER

PINTE A FIGURA.

VIAJAR PARA O ESPAÇO

Os *rovers* (carros-robôs) se locomovem pela superfície de Marte. Eles estão equipados com câmeras e outros dispositivos que tiram fotos e recolhem amostras.

O Lançador de Nave Espacial

Os cientistas inventaram um veículo especial que tem a força e a velocidade para sair da atração da Terra. O lançador de nave espacial da NASA é um veículo assim:

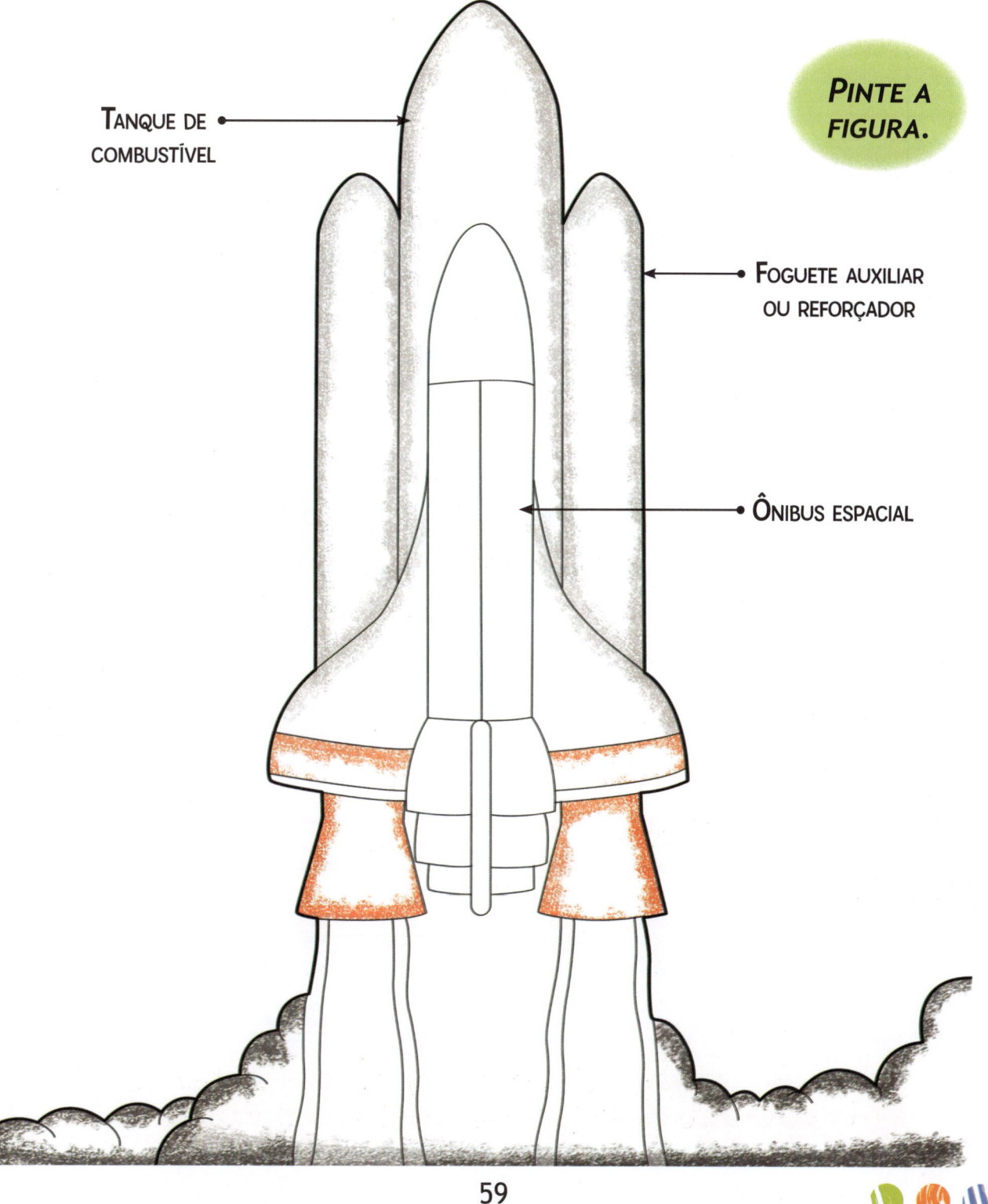

- Tanque de combustível
- Foguete auxiliar ou reforçador
- Ônibus espacial

Pinte a figura.

VIAJAR PARA O ESPAÇO

Ciclo da Água

O ciclo da água é o movimento contínuo da água acima, abaixo e na superfície da Terra.

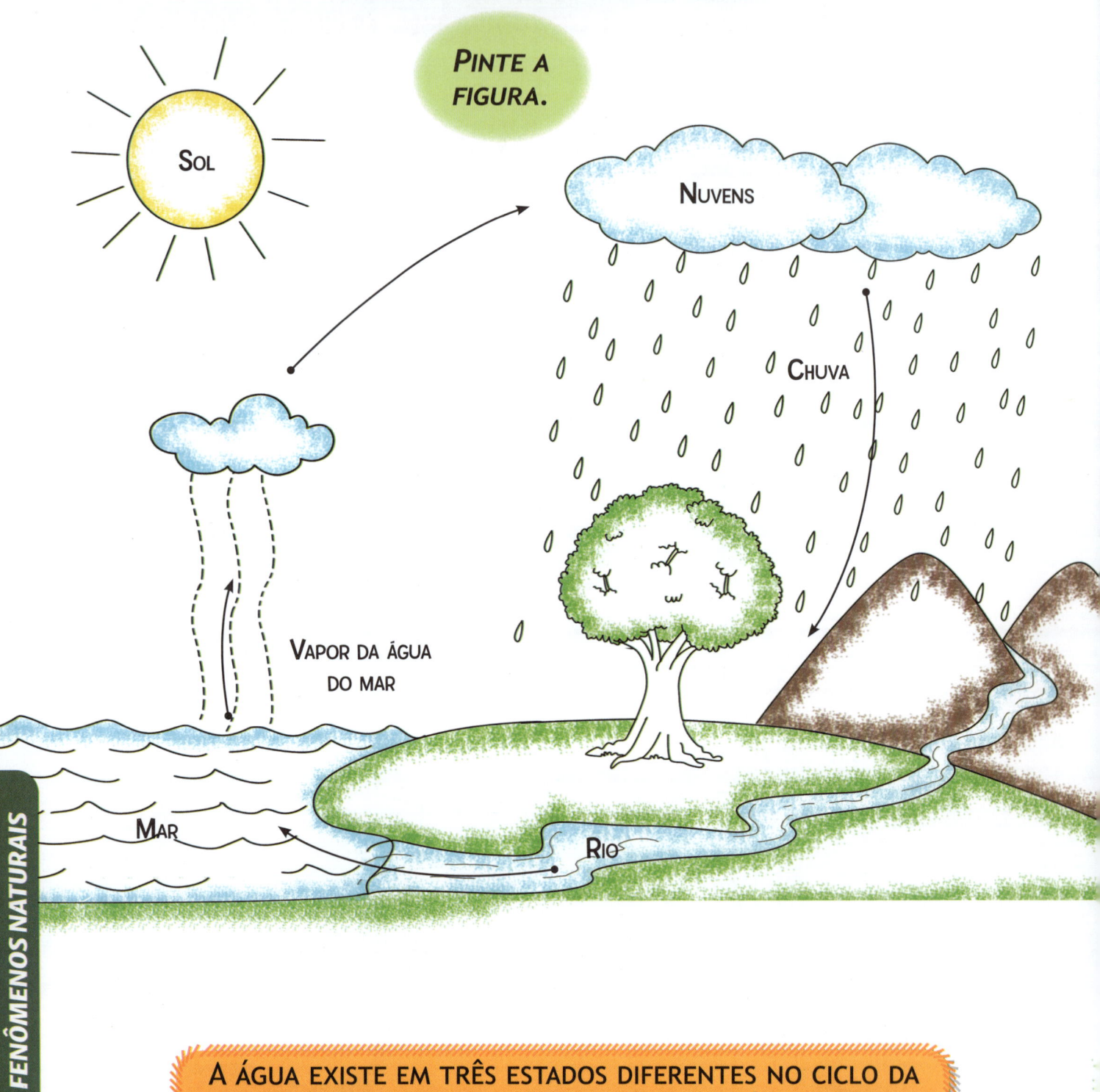

Pinte a figura.

- Sol
- Nuvens
- Chuva
- Vapor da água do mar
- Mar
- Rio

A água existe em três estados diferentes no ciclo da água: gasoso (vapor), líquido (água) e sólido (gelo).

FENÔMENOS NATURAIS

Maré Alta e Baixa

A maré alta é o ponto no ciclo da maré em que o nível do mar está o mais elevado.
A maré baixa é o ponto no ciclo da maré em que o nível do mar está o mais baixo.

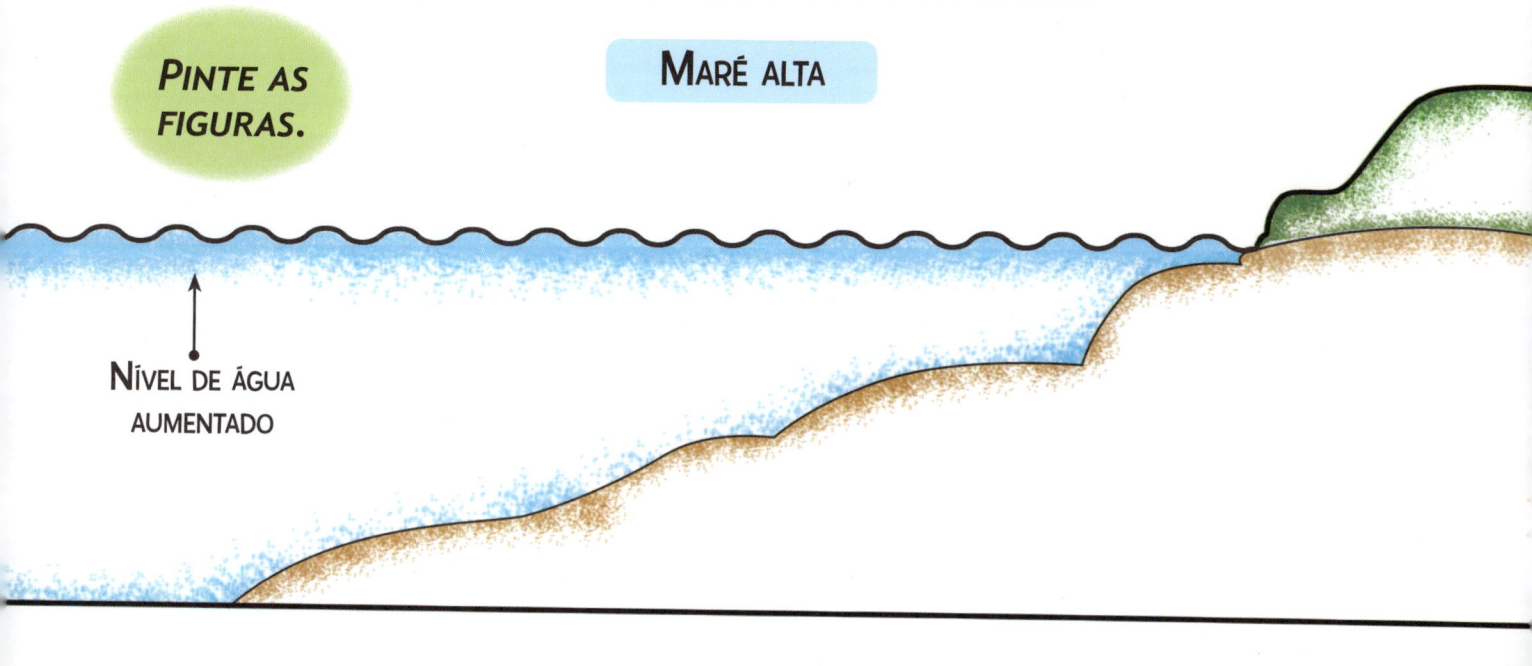

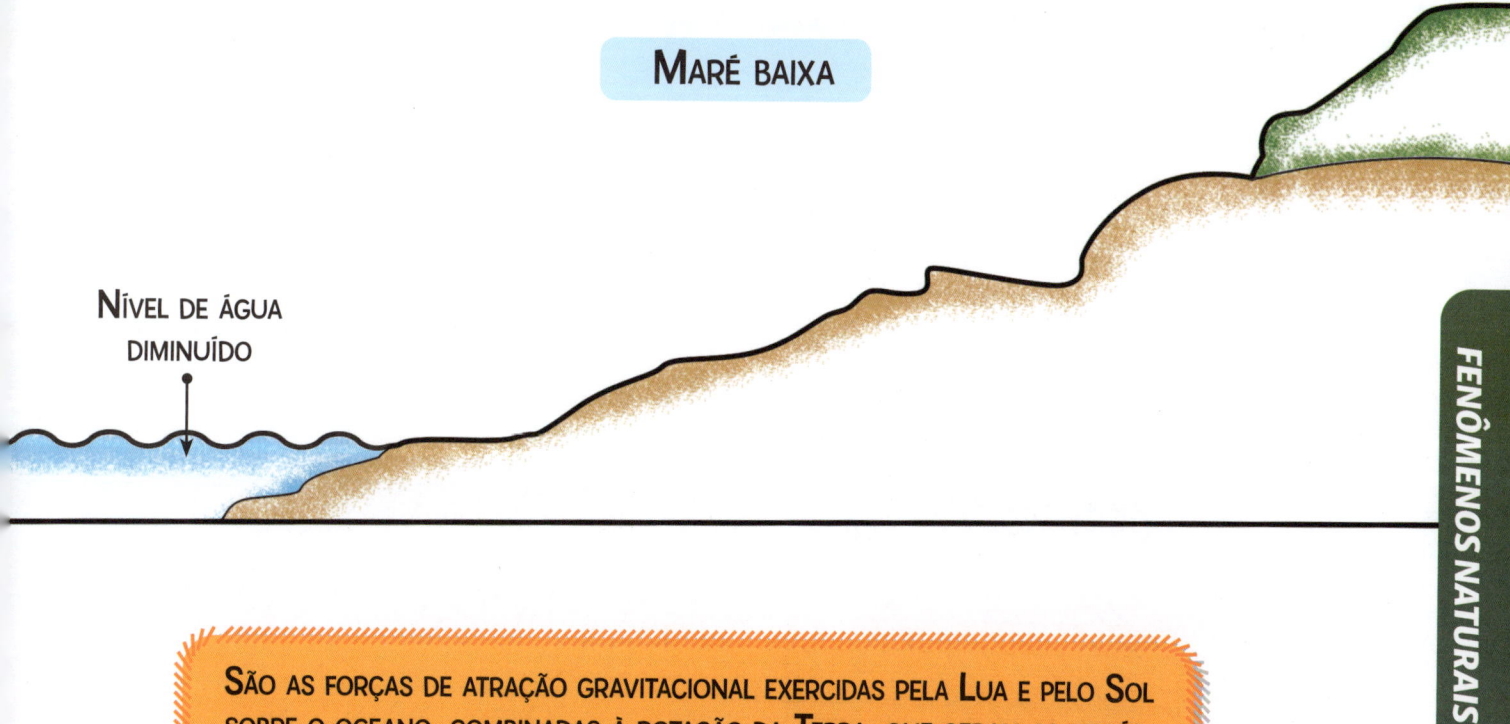

Maré alta

Pinte as figuras.

Nível de água aumentado

Maré baixa

Nível de água diminuído

São as forças de atração gravitacional exercidas pela Lua e pelo Sol sobre o oceano, combinadas à rotação da Terra, que geram as marés.

FENÔMENOS NATURAIS

Erupção Vulcânica

As erupções vulcânicas acontecem quando o magma de debaixo da Terra abre seu caminho até a superfície. Na superfície, o magma irrompe como lava, cinzas, rochas e gases vulcânicos.

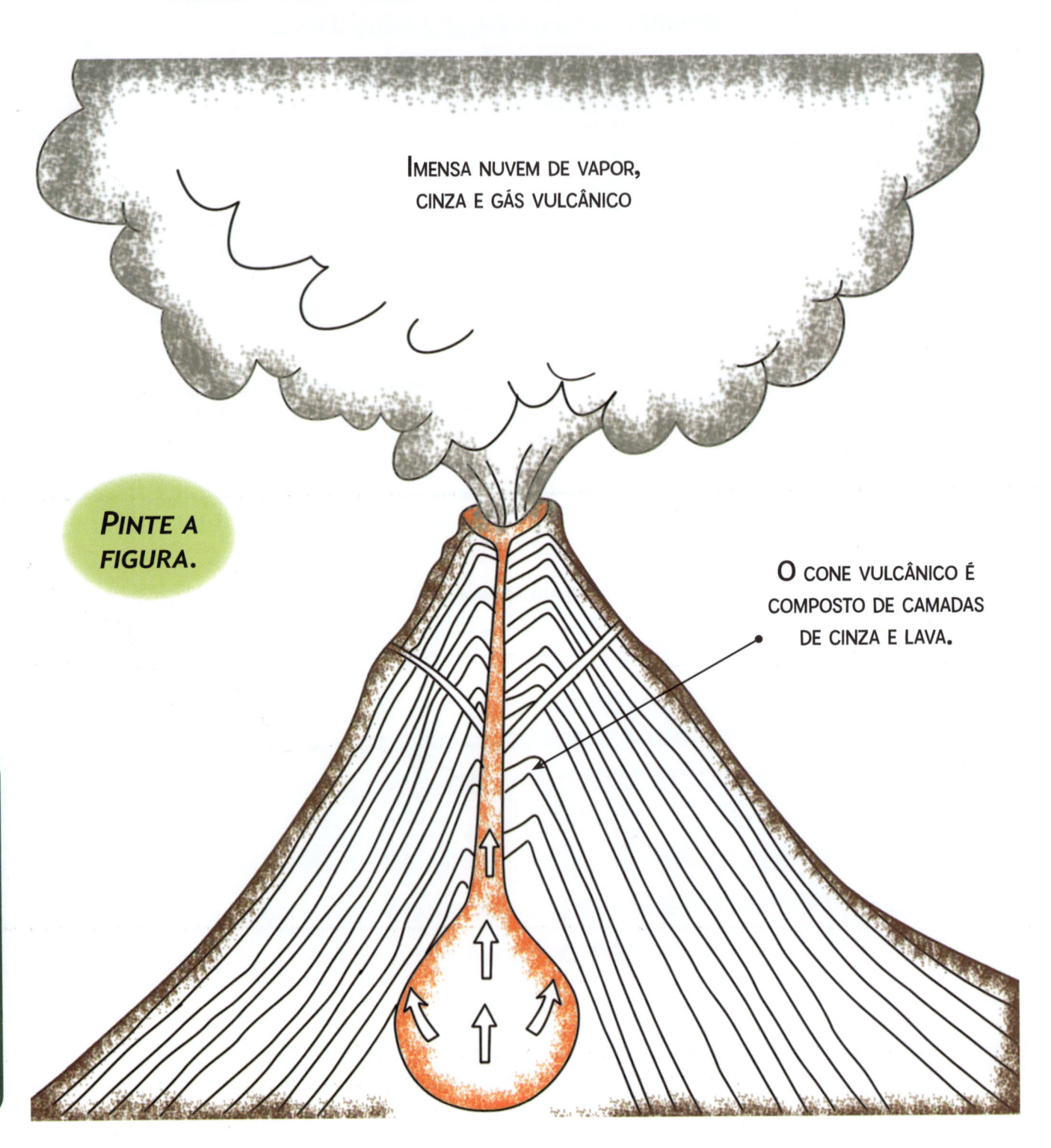

Imensa nuvem de vapor, cinza e gás vulcânico

Pinte a figura.

O cone vulcânico é composto de camadas de cinza e lava.

FENÔMENOS NATURAIS

Buraco de Ozônio

A redução da camada de ozônio está fazendo com que raios ultravioletas nocivos do Sol cheguem à Terra e afetem a saúde das pessoas.

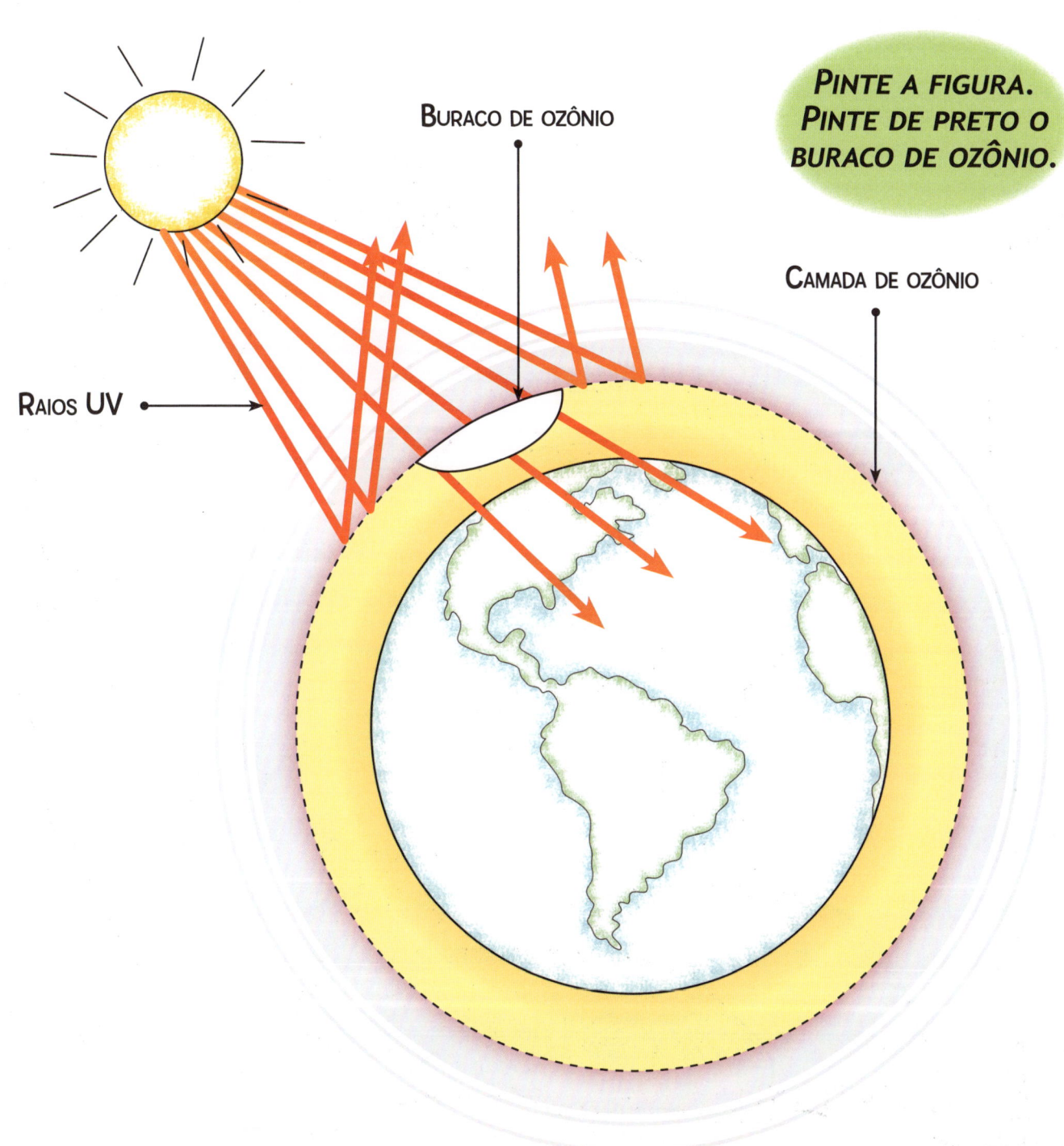

Buraco de ozônio

Pinte a figura. Pinte de preto o buraco de ozônio.

Camada de ozônio

Raios UV

O desmatamento e a poluição são os principais fatores que fazem o buraco de ozônio se expandir.

FENÔMENOS NATURAIS

EM UMA FLORESTA TROPICAL

AS FLORESTAS TROPICAIS SÃO DENSAS SELVAS COM CLIMA MUITO QUENTE E ÚMIDO. ELAS RECEBEM AGUACEIROS PESADOS. ENCONTRA-SE UMA GRANDE VARIEDADE DE PLANTAS E ANIMAIS EM UMA FLORESTA TROPICAL.

COBRA

TUCANO

TIGRE

ÁREAS CLIMÁTICAS MUNDIAIS

64

> PINTE A FIGURA.

Orangotango

Veado

Planta carnívora

As florestas tropicais se encontram em regiões perto do centro da Terra.

ÁREAS CLIMÁTICAS MUNDIAIS

Em um Deserto

Os desertos são regiões secas e áridas. Eles recebem poucas chuvas. São grandes áreas com areia e com vegetação rasteira.

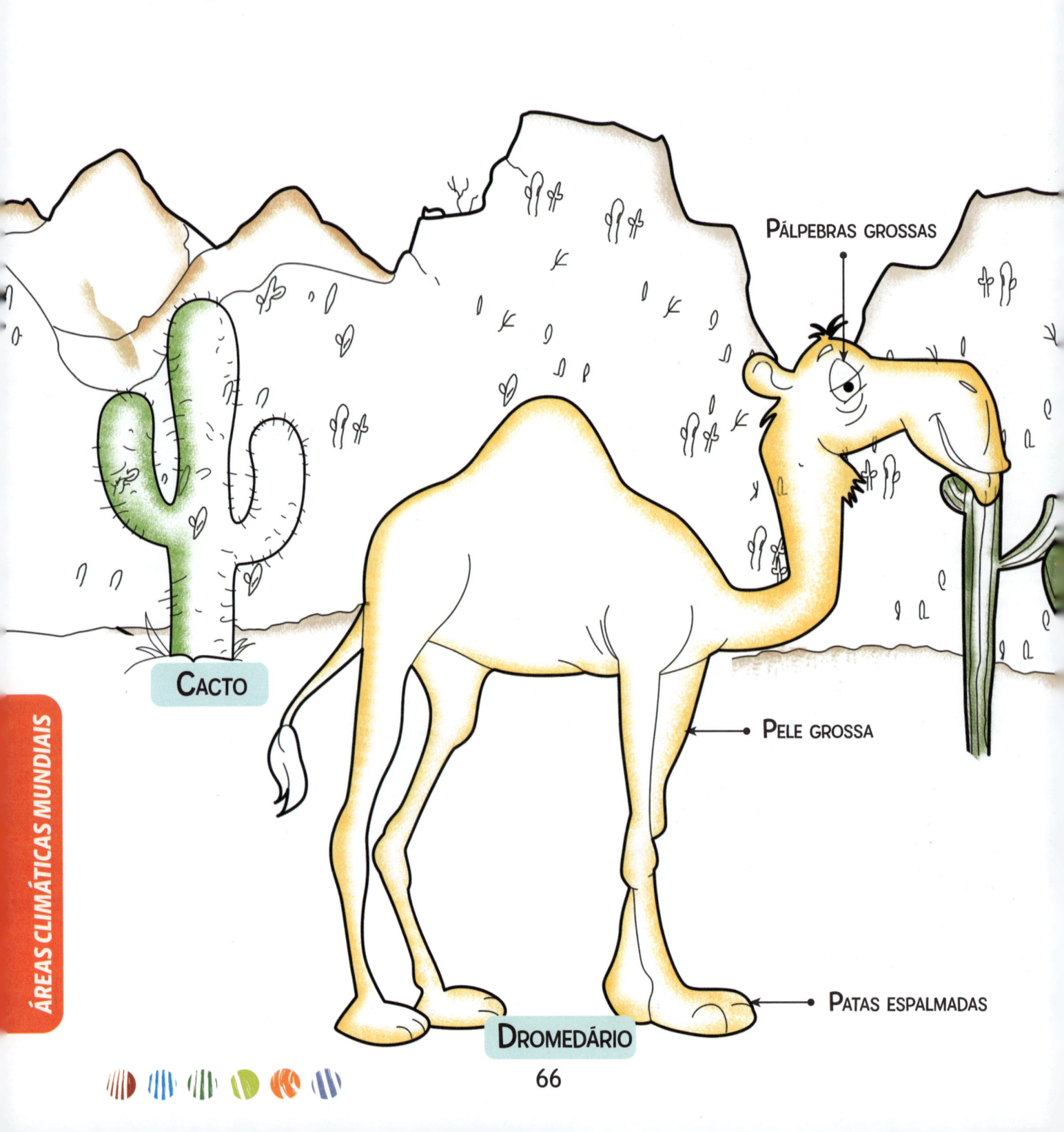

Pálpebras grossas

Cacto

Pele grossa

Patas espalmadas

Dromedário

ÁREAS CLIMÁTICAS MUNDIAIS

PINTE A FIGURA.

CAULE CARNUDO E VERDE

ESPINHOS EM VEZ DE FOLHAS

ÁREAS CLIMÁTICAS MUNDIAIS

67

REGIÕES POLARES

AS REGIÕES POLARES TAMBÉM SÃO CONHECIDAS COMO AS ÁREAS FRÍGIDAS DA TERRA. ELAS SÃO COBERTAS DE GELO E SÃO EXTREMAMENTE FRIAS. LÁ SE ENCONTRAM POUQUÍSSIMOS ANIMAIS E PLANTAS.

PINGUIM

Pinte as figuras.

A maior parte das geleiras se encontram nas regiões polares. Elas são imensas massas de gelo.

Geleira

Iaques são altamente adaptados para viver em condições rigorosas e frias.

Iaque

A maior parte das geleiras são maiores do que o tamanho de um campo de futebol.

ÁREAS CLIMÁTICAS MUNDIAIS

DINOSSAURO

Os dinossauros existiram na Terra milhões de anos atrás.

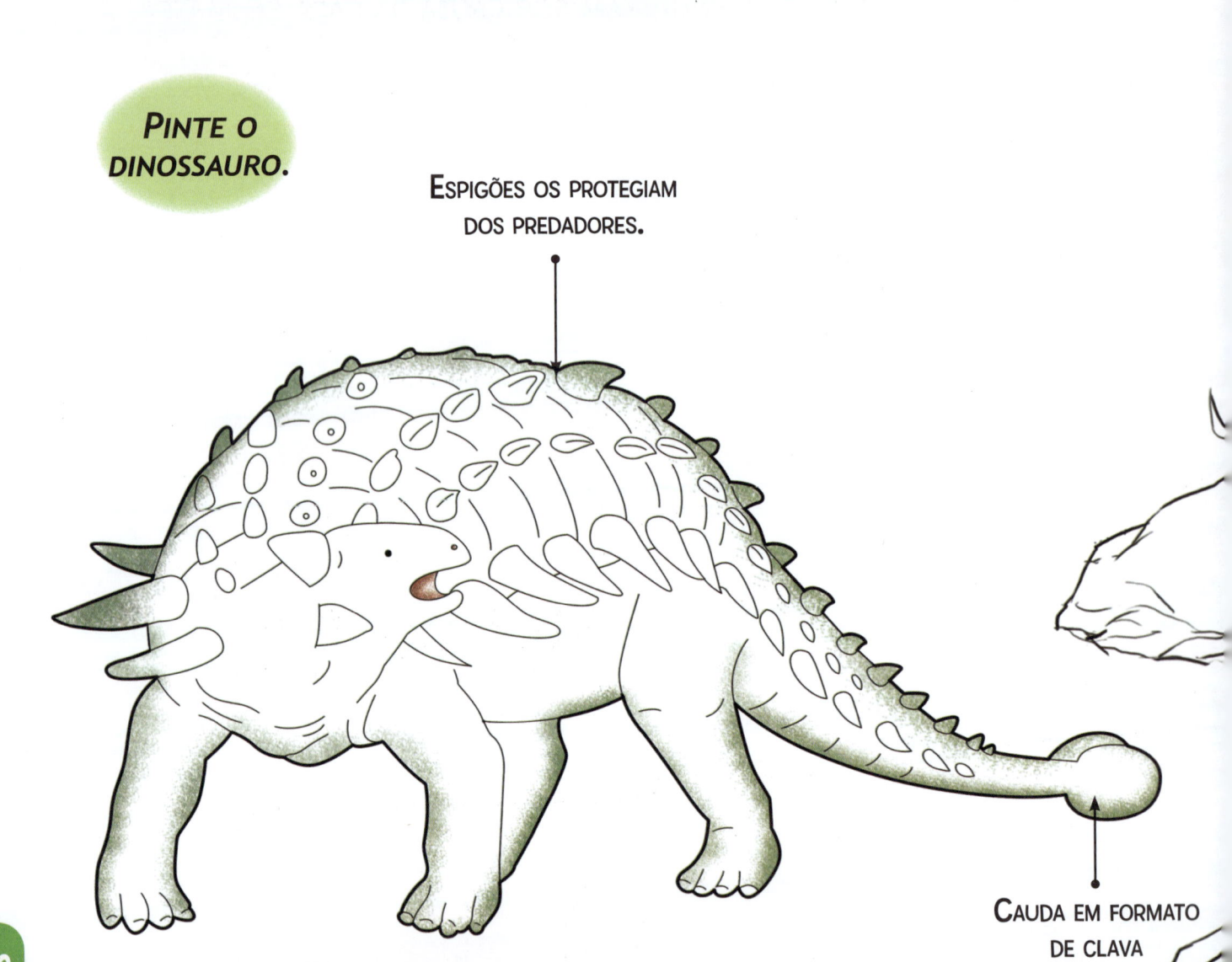

Pinte o dinossauro.

Espigões os protegiam dos predadores.

Cauda em formato de clava

O Anquilossauro era um imenso dinossauro com uma gigantesca clava na cauda, forte o bastante para quebrar os ossos de outro dinossauro.

ANIMAIS PRÉ-HISTÓRICOS

Bisão-antigo (Bison antiquus)

Os bisões-antigos foram encontrados na América do Norte. Acredita-se que se extinguiram por causa da caça em massa feita pelos humanos ou por um evento natural.

Pinte o bisão.

Chifres compridos

Patas de cascos fendidos

ANIMAIS PRÉ-HISTÓRICOS

MAMUTE-LANOSO

Muitos corpos congelados de gigantes elefantes foram desenterrados na Sibéria e no Alasca. Eles eram dos pré-históricos mamutes-lanosos. Esses animais eram bem adaptados ao clima frio.

Presas compridas e encurvadas →

Pinte este grande mamute-lanoso.

ANIMAIS PRÉ-HISTÓRICOS

O homem primitivo os caçava por causa dos ossos e das presas, para fazer ferramentas.

Tigre-dentes-de-sabre

Muitos animais dentes-de-sabre sobreviveram durante a Era do Gelo, entre os quais vários felinos grandes e pequenos e outras criaturas.

Pinte este grande e selvagem tigre-dentes-de-sabre.

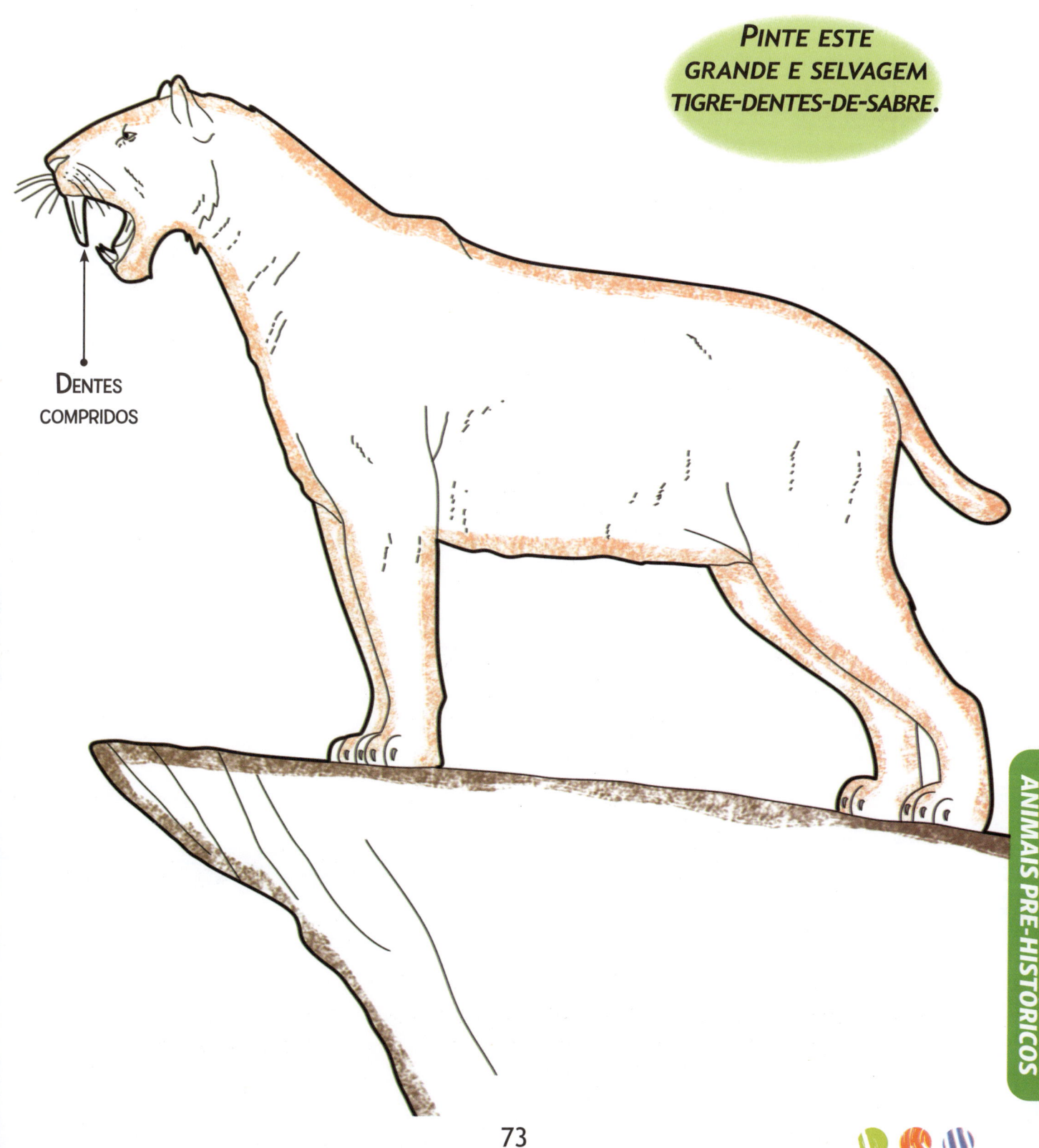

Dentes compridos

ANIMAIS PRÉ-HISTÓRICOS

MORADIAS DOS HUMANOS PRIMITIVOS

REFEREM-SE ÀS PESSOAS QUE VIVIAM NA TERRA MILHARES DE ANOS ATRÁS COMO HUMANOS PRIMITIVOS. ELES SE ABRIGAVAM EM ÁRVORES OU EM CAVERNAS.

PINTE A FIGURA.

NÃO EXISTEM REGISTROS ESCRITOS DO PERÍODO DOS HUMANOS PRIMITIVOS. OS ARQUEÓLOGOS ESTUDAM LOCAIS E PISTAS DEIXADAS E TENTAM INTERPRETAR SOBRE A VIDA DOS HUMANOS PRIMITIVOS.

Vestuário dos Humanos Primitivos

Os humanos primitivos não usavam roupas. Eles cobriam o corpo com folhas, cascas de árvores ou peles de animais.

Pinte a figura.

Peles de animais eram cortadas e drapeadas.

As mulheres usavam ossos, conchas e dentes de animais para fazer joias.

HUMANOS PRIMITIVOS

ALIMENTOS DOS HUMANOS PRIMITIVOS

Os humanos primitivos comiam raízes e frutas silvestres. Eles também caçavam animais e comiam carne crua.

Pinte a figura.

Carne

Ferramentas dos Humanos Primitivos

Os humanos primitivos usavam ferramentas feitas de pedra. Eles não haviam descoberto os metais ainda.

Pinte as ferramentas de pedra usadas pelos humanos primitivos.

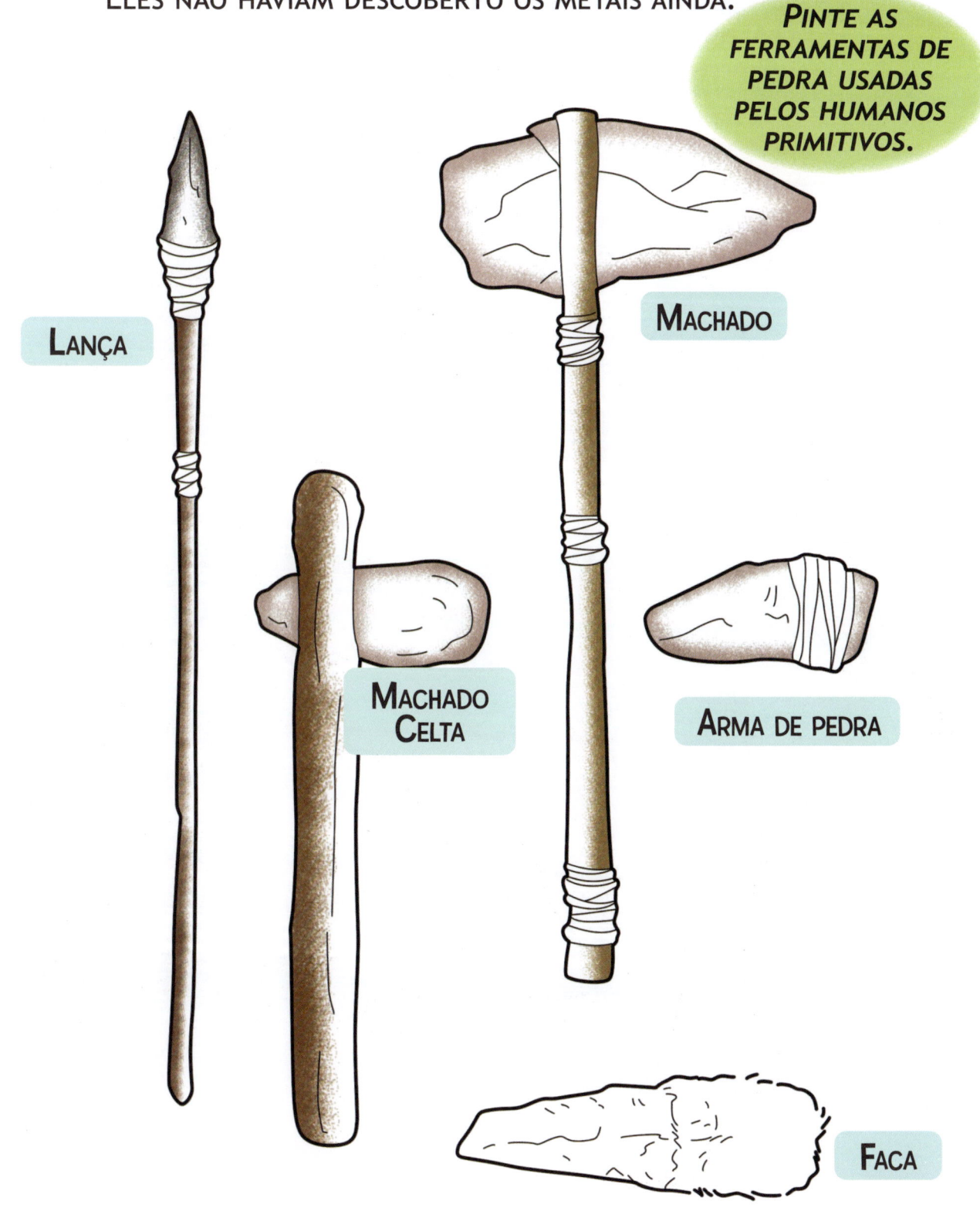

Lança

Machado

Machado Celta

Arma de pedra

Faca

HUMANOS PRIMITIVOS

Descobrindo o Fogo

Os humanos primitivos inventaram o fogo acidentalmente. Um dia, faíscas se formaram ao esfregar duas pedras. O feno seco logo abaixo no chão pegou fogo.

Pinte o esboço mostrando o fogo criado pelos humanos primitivos.

Pedras de pederneira

Faíscas de fogo

Feno seco

HUMANOS PRIMITIVOS

INÍCIO DA AGRICULTURA

OS HUMANOS PRIMITIVOS PERCEBERAM QUE PLANTAS NOVAS CRESCIAM DAS SEMENTES. ASSIM, APRENDERAM A CULTIVAR PLANTAÇÕES E SE ESTABELECERAM PERTO DE RIOS.

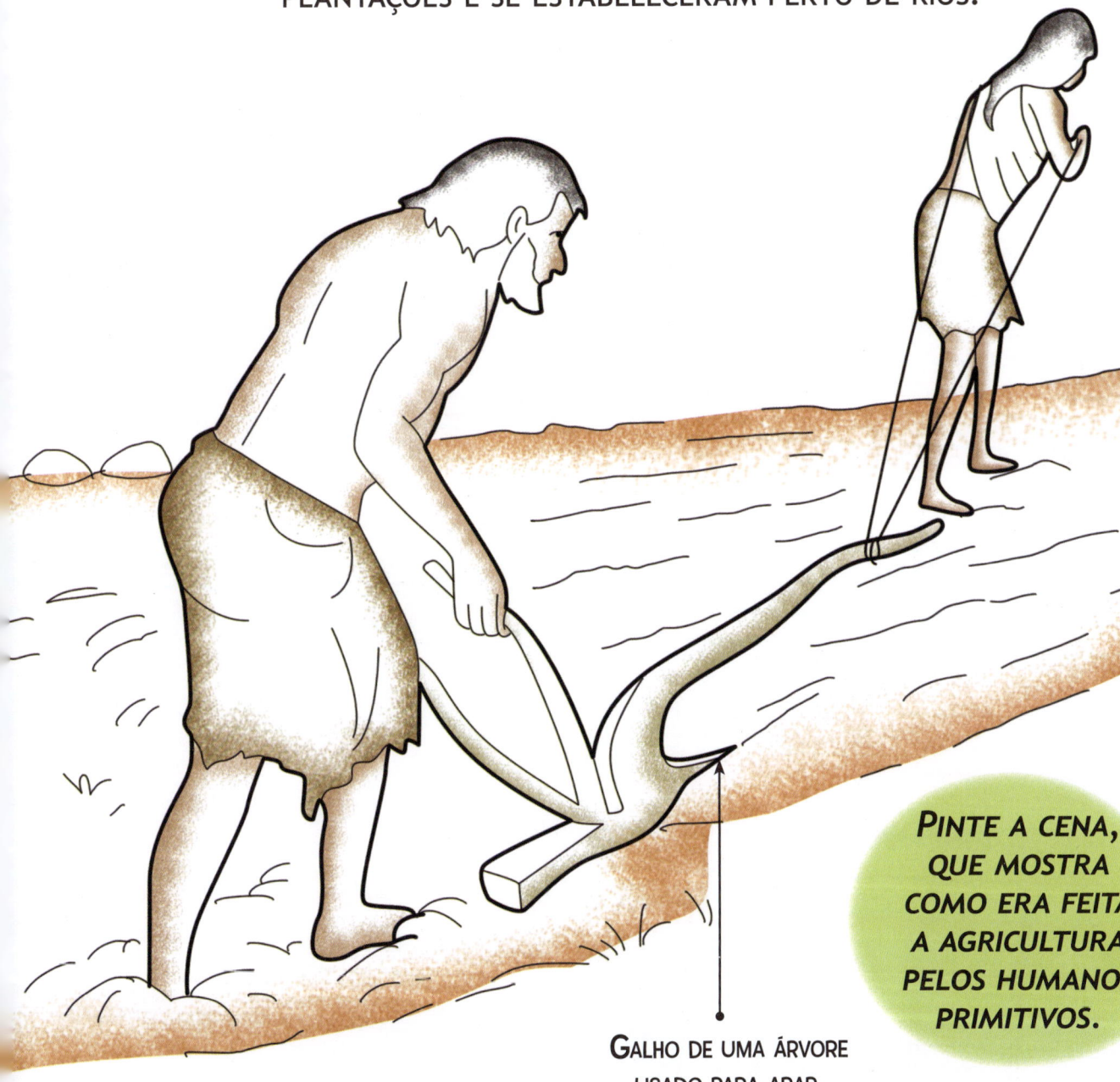

GALHO DE UMA ÁRVORE USADO PARA ARAR.

PINTE A CENA, QUE MOSTRA COMO ERA FEITA A AGRICULTURA PELOS HUMANOS PRIMITIVOS.

HUMANOS PRIMITIVOS

PINTURAS

Na era primitiva, as pessoas pintavam as paredes e o teto das cavernas. Elas utilizavam tintas e corantes naturais.

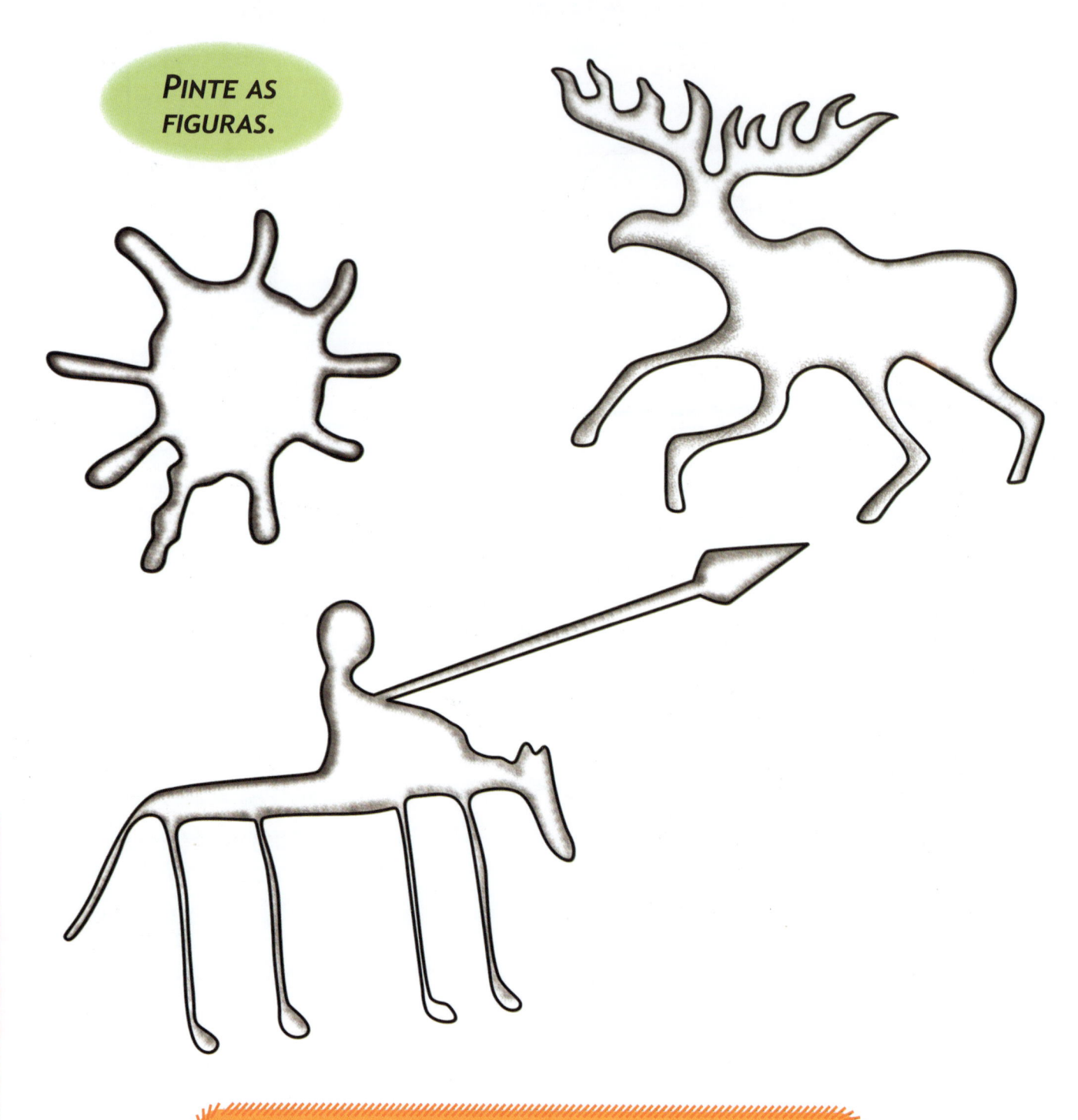

Pinte as figuras.

Na maioria das vezes, cenas de caça ou animais eram pintados.

Harpas e Liras

Os instrumentos musicais como as harpas e as liras foram inventados para entretenimento.

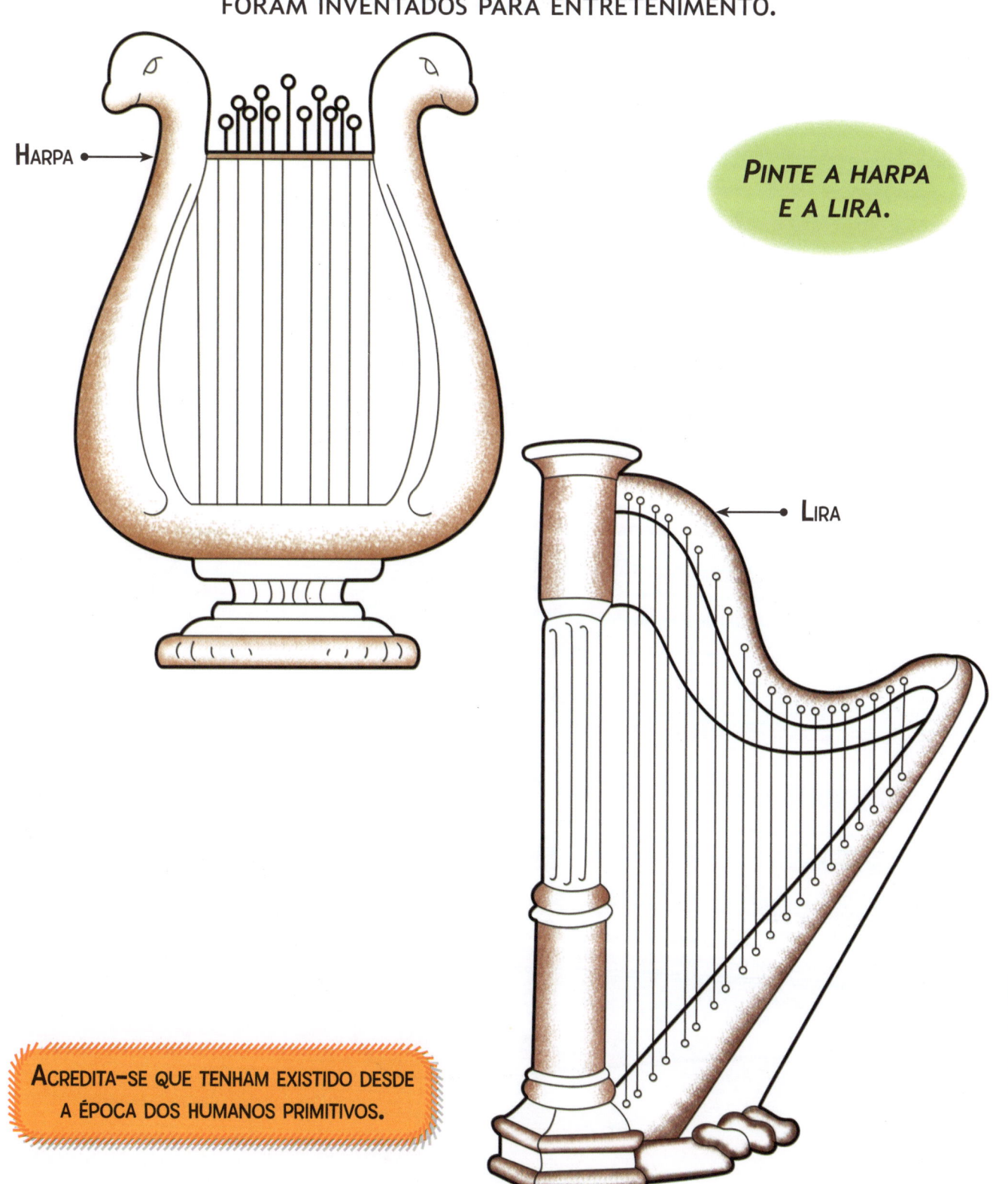

Harpa

Pinte a harpa e a lira.

Lira

Acredita-se que tenham existido desde a época dos humanos primitivos.

HUMANOS PRIMITIVOS

Um Historiador

Um historiador anotou eventos importantes na região. As tábuas de argila foram usadas como um meio de escrita, especialmente na escrita cuneiforme.

Pinte a figura.

Buril

Tábua de argila fresca

Caracteres cuneiformes

HUMANOS PRIMITIVOS

ARANDO OS CAMPOS

A civilização da Mesopotâmia estava localizada na região hoje conhecida como Oriente Médio, que inclui partes do sudoeste da Ásia e terras ao redor do Mar Mediterrâneo oriental. Os animais eram usados para arar os campos.

Pinte a figura.

O trigo e a cevada foram as primeiras plantações cultivadas pelos humanos primitivos.

CIVILIZAÇÃO DA MESOPOTÂMIA

IRRIGAÇÃO

A irrigação é o fornecimento de água para plantas em crescimento. As pessoas tiravam água dos poços e a usavam para a agricultura e outros propósitos.

Pinte a figura.

Métodos tradicionais de irrigação eram mais baratos, mas menos eficientes.

CIVILIZAÇÃO DA MESOPOTÂMIA

BRINQUEDOS E POTES

A CERÂMICA DA MESOPOTÂMIA É MUITO RICA EM CULTURA E NO LEGADO QUE DEIXOU.

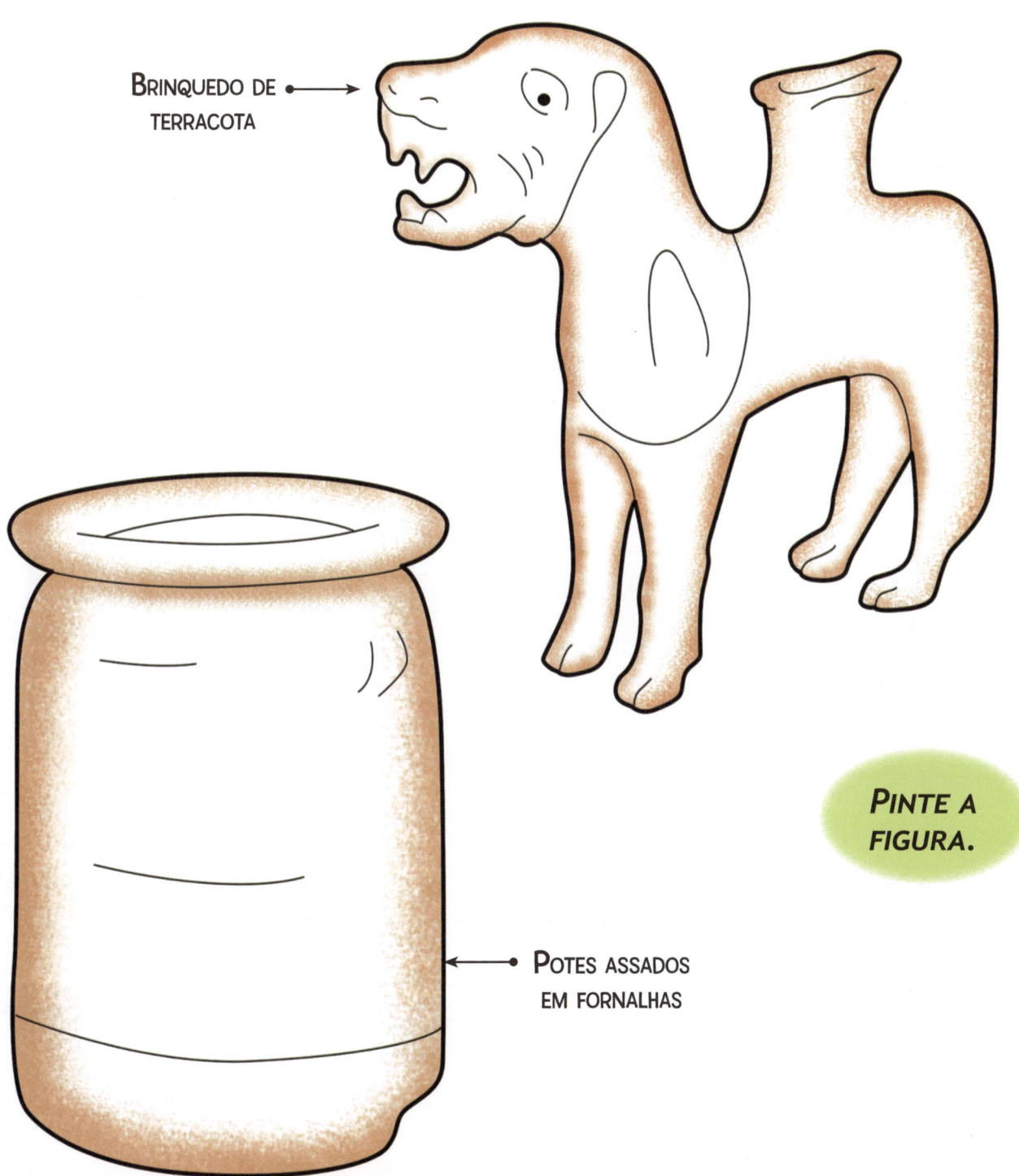

BRINQUEDO DE TERRACOTA

POTES ASSADOS EM FORNALHAS

PINTE A FIGURA.

MUITAS VEZES, DIZEM QUE A MÃO É A FERRAMENTA MAIS PRECIOSA DO OLEIRO.

CIVILIZAÇÃO DA MESOPOTÂMIA

MORADIAS

AS MORADIAS NA MESOPOTÂMIA TINHAM TELHADOS PLANOS E ESPESSAS PAREDES DE LAMA. ISSO MANTINHA AS CASAS FRESCAS.

PINTE A FIGURA.

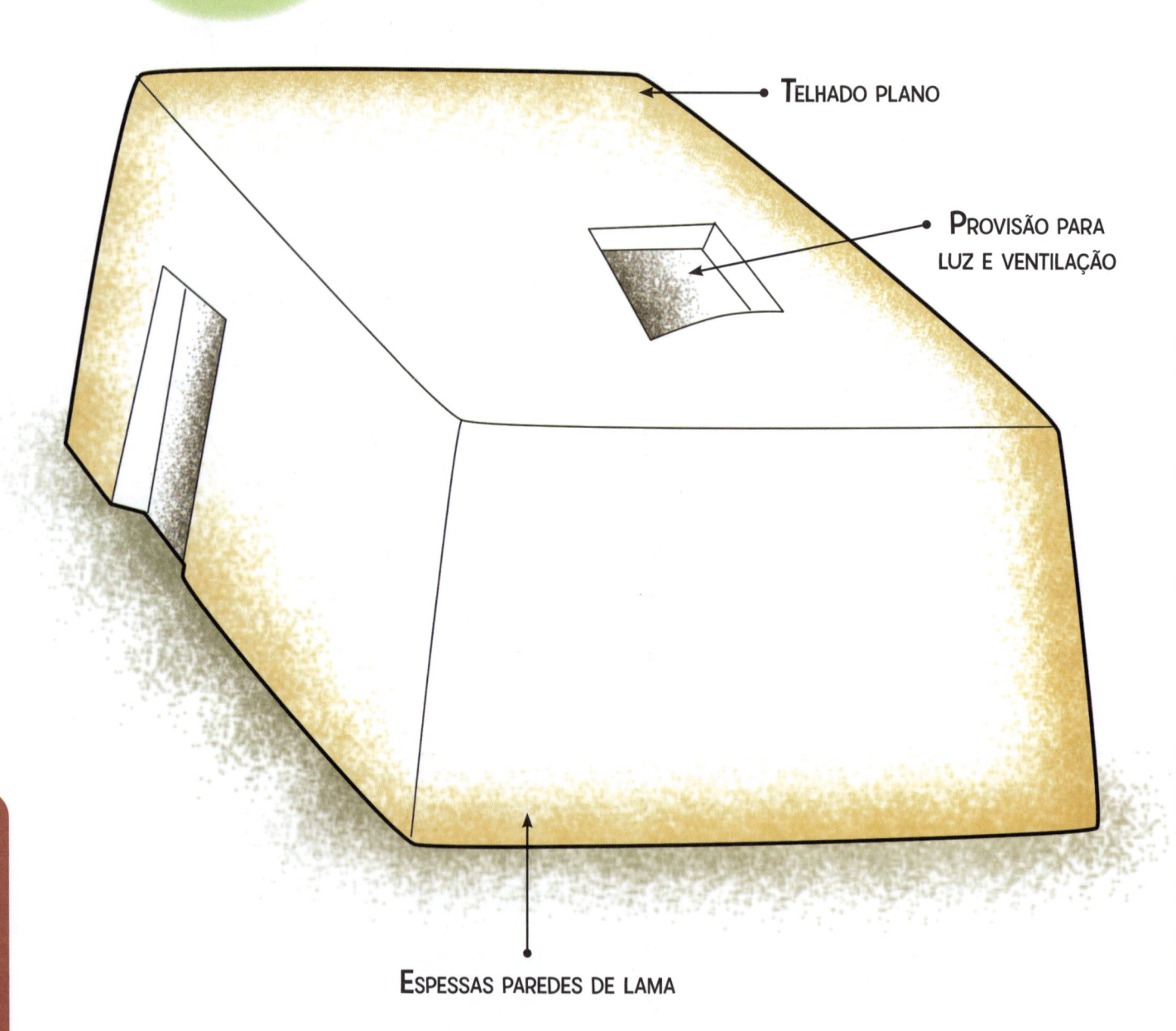

- TELHADO PLANO
- PROVISÃO PARA LUZ E VENTILAÇÃO
- ESPESSAS PAREDES DE LAMA

PEDRAS, METAIS E MADEIRA FORAM TRANSPORTADOS DE LUGARES PRÓXIMOS PARA A PLANÍCIE DA MESOPOTÂMIA.

CIVILIZAÇÃO DA MESOPOTÂMIA

Vestuário

As pessoas usavam roupas leves de linho.

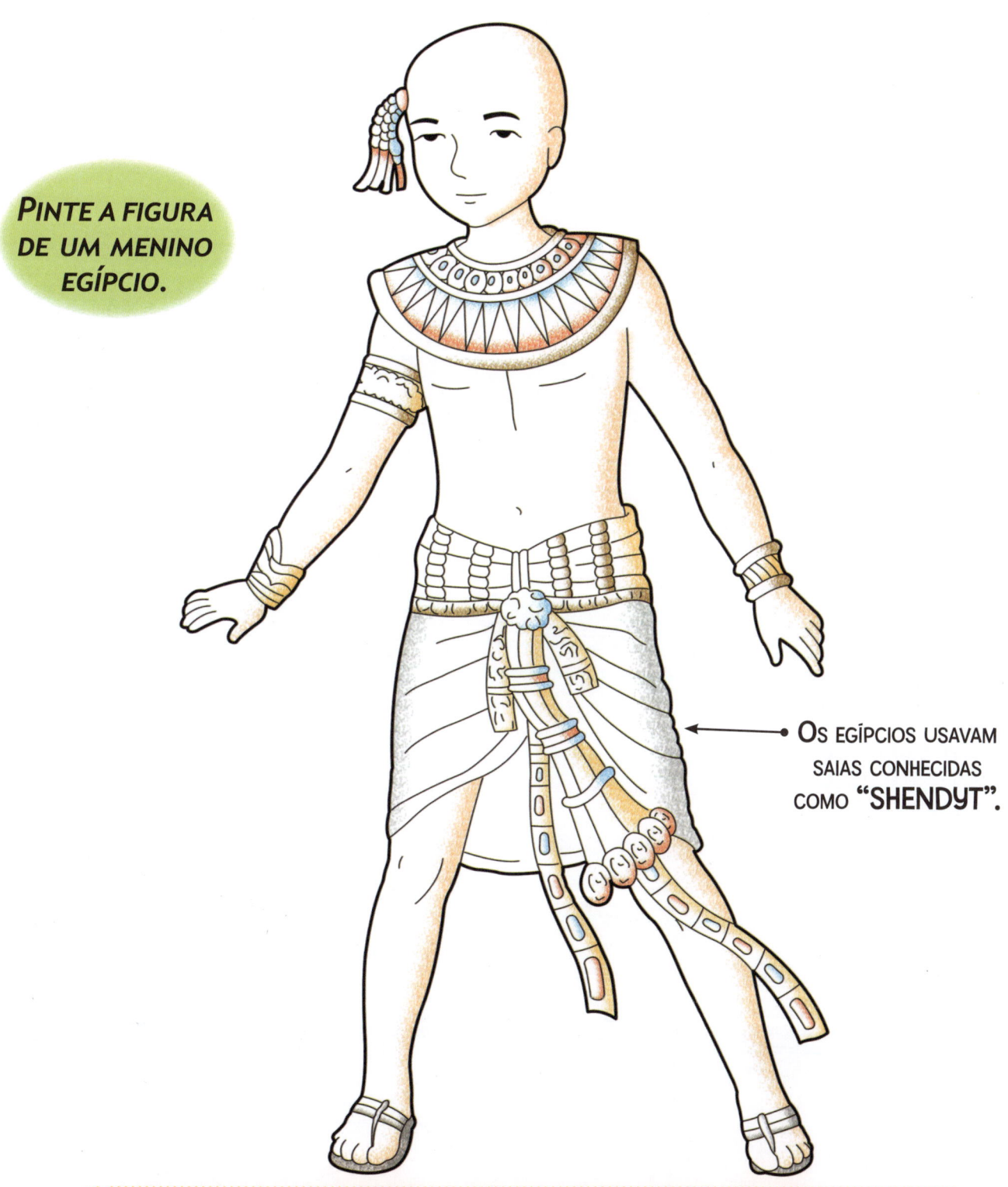

Pinte a figura de um menino egípcio.

Os egípcios usavam saias conhecidas como **"SHENDYT"**.

As crianças no Antigo Egito usavam berloques e amuletos para protegê-las.

CIVILIZAÇÃO EGÍPCIA

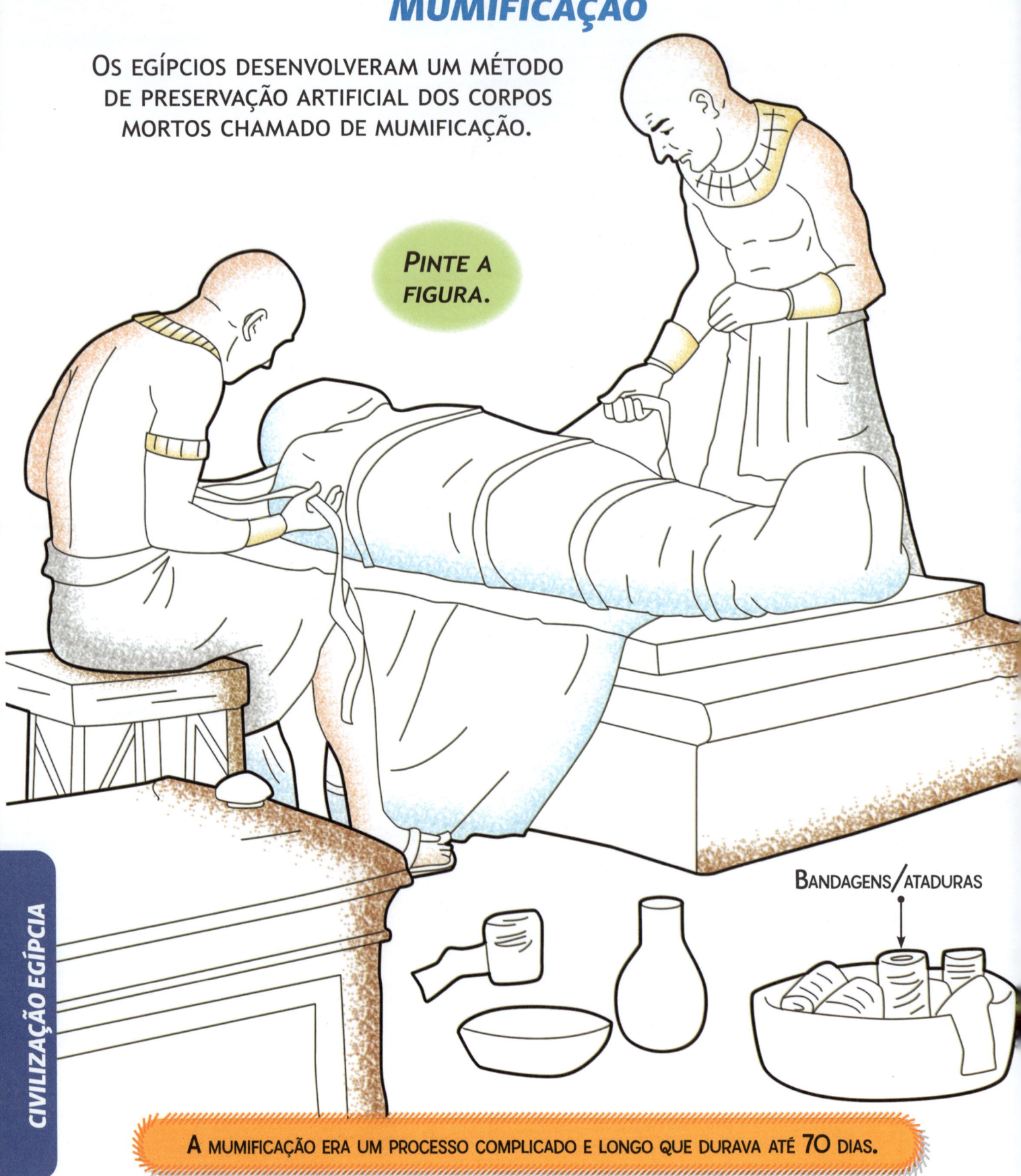

Mumificação

Os egípcios desenvolveram um método de preservação artificial dos corpos mortos chamado de mumificação.

Pinte a figura.

Bandagens/ataduras

A mumificação era um processo complicado e longo que durava até 70 dias.

Civilização Egípcia

Vasos Canópicos

Os vasos canópicos eram usados para guardar os órgãos do corpo durante a mumificação. Os vasos tinham cabeças de diferentes figuras no alto.

Pinte a figura.

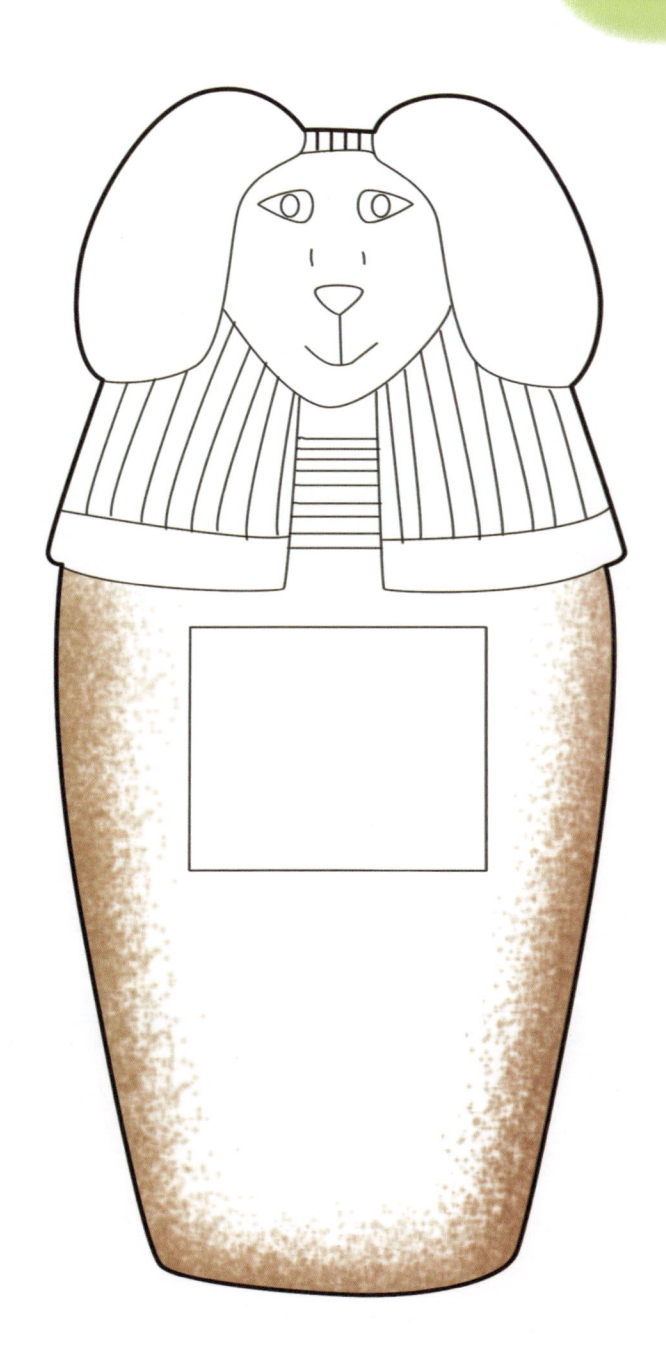

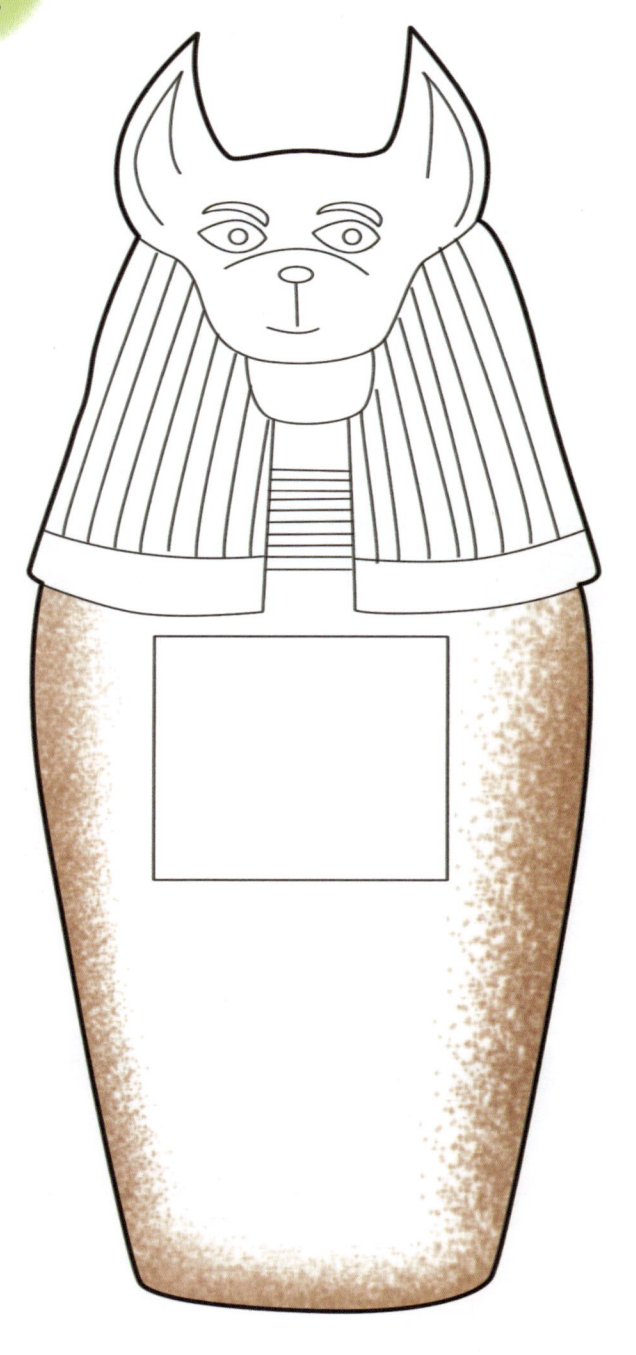

CIVILIZAÇÃO EGÍPCIA

SARCÓFAGO

Este é um caixão de pedra do Antigo Egito conhecido como sarcófago. Tais caixões não são enterrados, mas colocados acima do solo.

Pinte a figura.

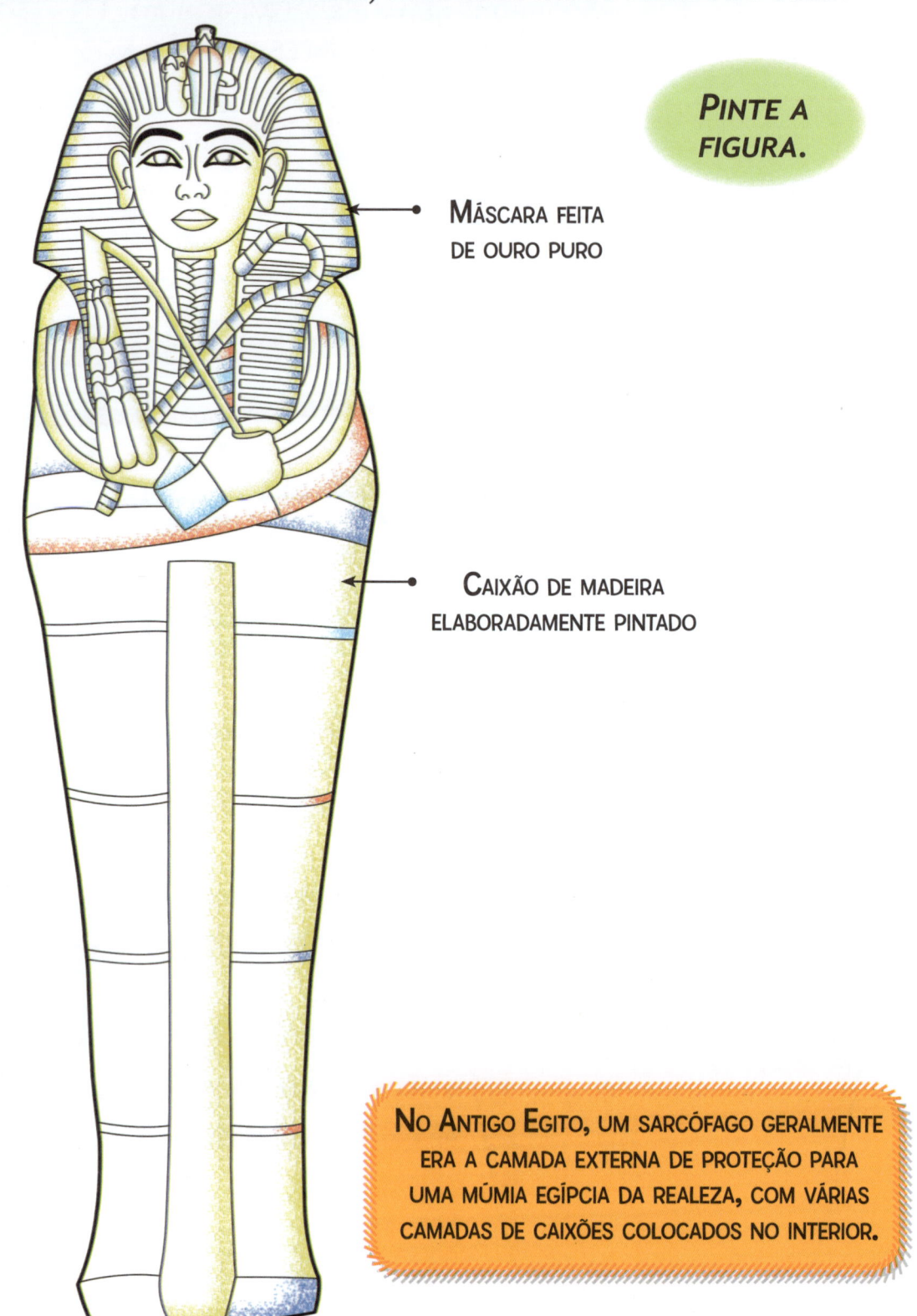

Máscara feita de ouro puro

Caixão de madeira elaboradamente pintado

No Antigo Egito, um sarcófago geralmente era a camada externa de proteção para uma múmia egípcia da realeza, com várias camadas de caixões colocados no interior.

CIVILIZAÇÃO EGÍPCIA

Civilização Harapeana

A CIVILIZAÇÃO HARAPEANA FOI A MAIOR ENTRE AS CIVILIZAÇÕES ANTIGAS. AS CIDADES ERAM BEM PLANEJADAS.

Pinte a figura.

As ruínas de Harapa sendo desenterradas.

MORADIAS EM HARAPA

Cada casa em Harapa se abria para um pátio interno e vias menores; portanto, ela era segura. As moradias tinham dois ou três andares.

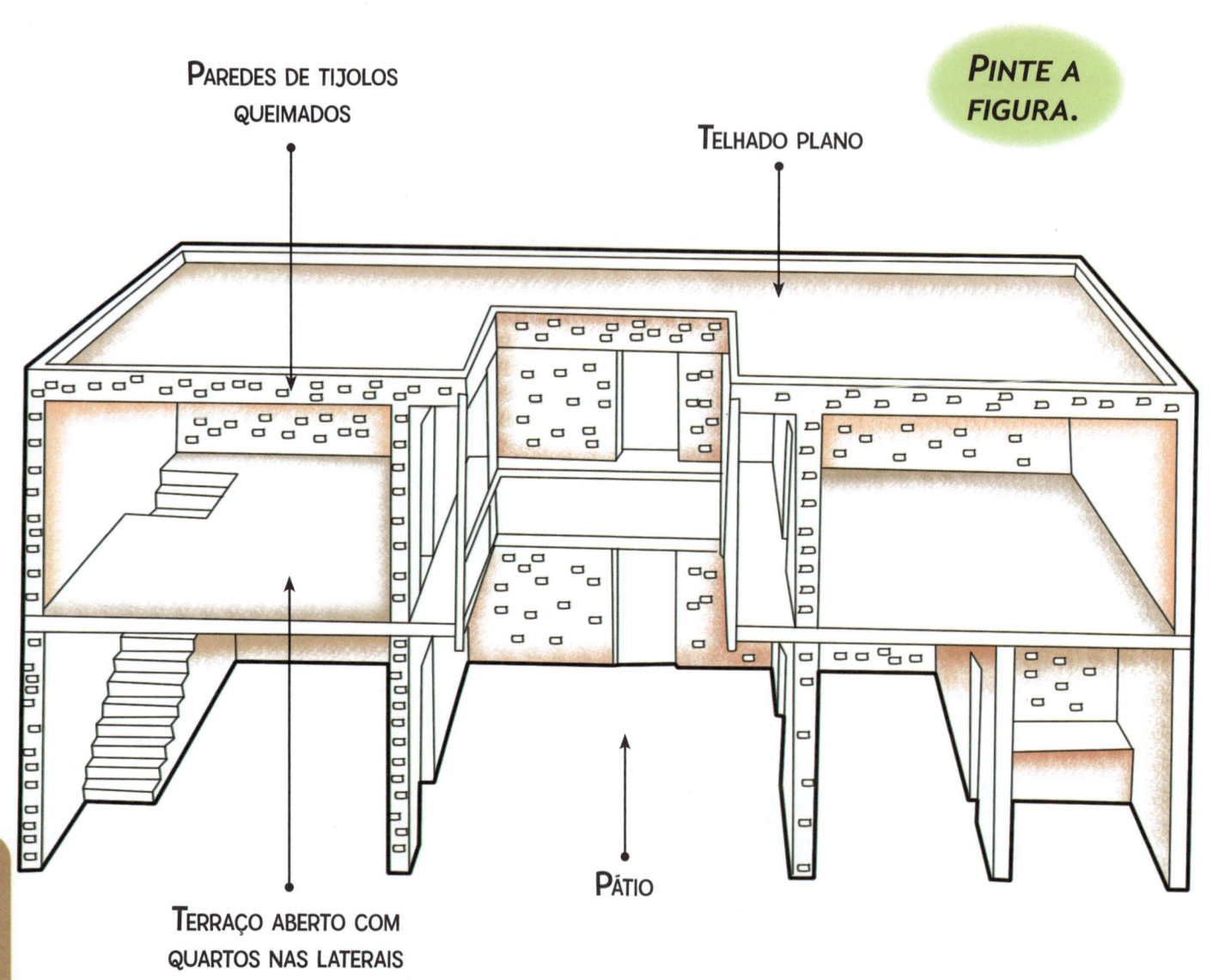

Paredes de tijolos queimados

Telhado plano

Pinte a figura.

Pátio

Terraço aberto com quartos nas laterais

As moradias eram bem protegidas de barulho, odor e ladrões. A cidade dava o mesmo tipo de acesso à água e drenagem para todos.

CIVILIZAÇÃO HARAPEANA

Armazenamento de Alimentos

Os humanos primitivos cavavam fossos para armazenar grãos. Entretanto, eles perceberam que a água se infiltrava e estragava os grãos. Então, começaram a fazer potes de cerâmica para o armazenamento.

Pinte os potes de cerâmica.

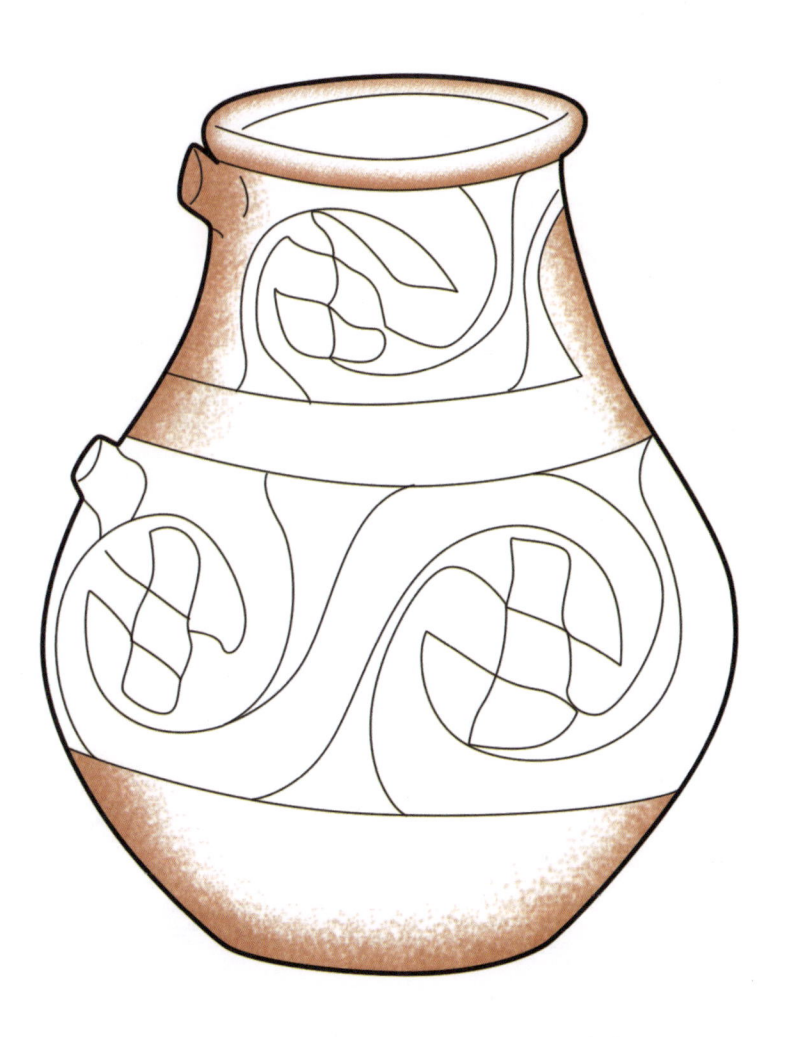

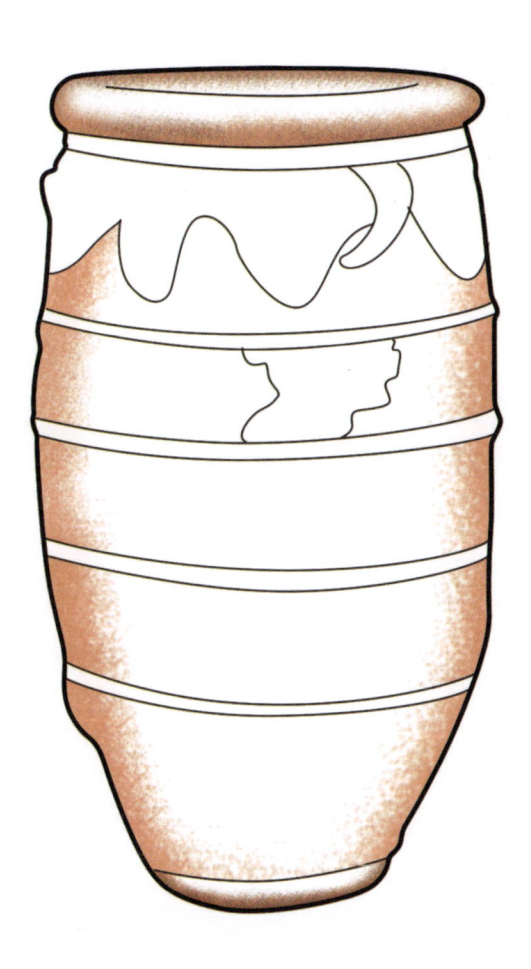

A cerâmica simples, colorida e vitrificada, com desenhos e puxadores, mostra as técnicas avançadas com os quais os oleiros estavam familiarizados.

CIVILIZAÇÃO HARAPEANA

Brinquedos e Cerâmica

Os brinquedos escavados da civilização do Vale do Indo incluem carroças pequenas, apitos em formato de pássaros e macacos de brinquedo que podiam deslizar por uma corda.

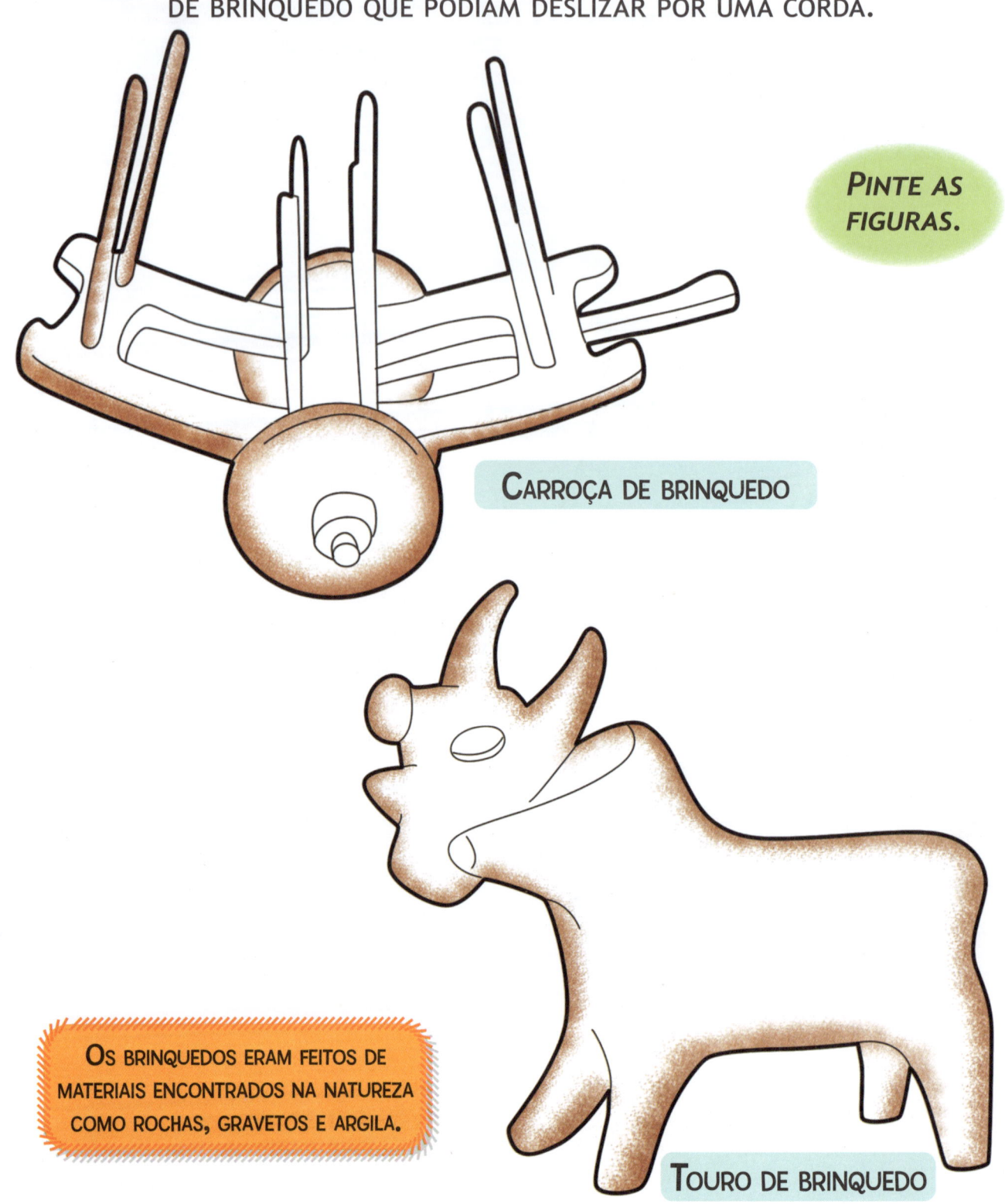

Pinte as figuras.

Carroça de brinquedo

Os brinquedos eram feitos de materiais encontrados na natureza como rochas, gravetos e argila.

Touro de brinquedo

Civilização Harapeana

O Grande Banho

O Grande Banho foi um banho público usado provavelmente para cerimônias especiais. Havia galerias e aposentos por todos os lados.

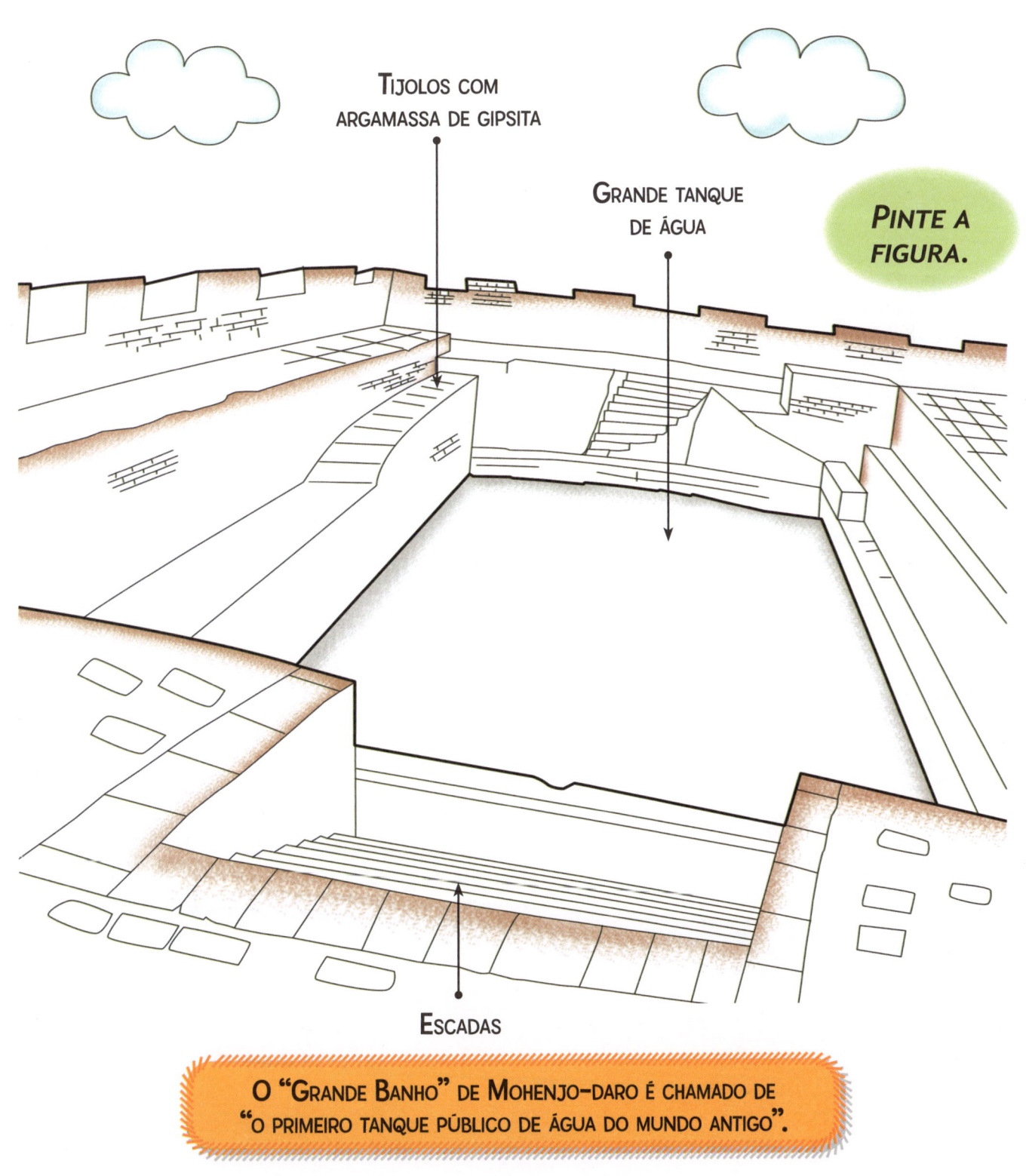

Tijolos com argamassa de gipsita

Grande tanque de água

Pinte a figura.

Escadas

O "Grande Banho" de Mohenjo-daro é chamado de "o primeiro tanque público de água do mundo antigo".

CIVILIZAÇÃO HARAPEANA

O Sistema de Escambo

Muitos anos atrás, não havia algo como o dinheiro. As pessoas negociavam com coisas de que não precisavam por coisas que queriam. No sistema de escambo, os bens e os serviços eram trocados por outros bens.

Pinte a figura.

CIVILIZAÇÃO HARAPEANA

RECIPIENTES DE ÁGUA

Nos tempos pré-históricos, a água era transportada em bexigas de animais mortos costuradas juntas ou em conchas de plantas.

Pinte a figura.

Pele de animal costurada e utilizada como um recipiente de água

CIVILIZAÇÃO HARAPEANA

VIAJANDO PELO MUNDO

OS EXPLORADORES VIAJARAM POR TERRA E MARES PARA DESCOBRIR NOVOS LUGARES, TROCAR CULTURAS E ADQUIRIR PRECIOSAS MERCADORIAS.

PINTE A FIGURA.

MARCO POLO FOI UM EXPLORADOR E NEGOCIADOR VENEZIANO QUE FICOU CONHECIDO PELAS EXTENSAS VIAGENS QUE FEZ PELA CHINA E POR OUTRAS REGIÕES ASIÁTICAS, INCLUINDO A PÉRSIA E A ÍNDIA. SEUS DOCUMENTÁRIOS DETALHADOS SOBRE A CULTURA, A GEOGRAFIA E OS RECURSOS NATURAIS DESSES LUGARES CONTRIBUÍRAM SIGNIFICATIVAMENTE PARA O CONHECIMENTO EUROPEU SOBRE O ORIENTE.

POVOS E EVENTOS DA HISTÓRIA

Monte Vesúvio

A cidade chamada Pompeia foi descoberta por debaixo dos escombros de cinzas vulcânicas da erupção do Monte Vesúvio que ocorreu cerca de dois mil anos atrás.

Erupção vulcânica

Pinte a figura.

Monte Vesúvio

As cinzas que enterraram a cidade preservaram tudo como era na época do desastre.

POVOS E EVENTOS DA HISTÓRIA

99

Castelo

Reis construíram castelos para segurança e proteção de ataques e para exibir sua posição e riqueza.

Pinte a figura.

Fenda de seta

Entrada principal

Muro de pedra

POVOS AO REDOR DO MUNDO

DIFERENTES TIPOS DE POVOS VIVEM AO REDOR DO MUNDO. A APARÊNCIA E O VESTUÁRIO DELES VARIAM DE ACORDO COM OS LUGARES EM QUE VIVEM.

DO JAPÃO

DO QUÊNIA

DA HOLANDA

PINTE AS FIGURAS DAS MULHERES DAS DIFERENTES PARTES DO MUNDO USANDO CORES DISTINTAS.

POVOS E EVENTOS DA HISTÓRIA

TOCHAS

AS PRIMEIRAS TOCHAS TINHAM UMA "TAÇA" OU "CESTO DE FOGO", UMA ESTRUTURA METÁLICA QUE MATINHA A CHAMA ACESA.

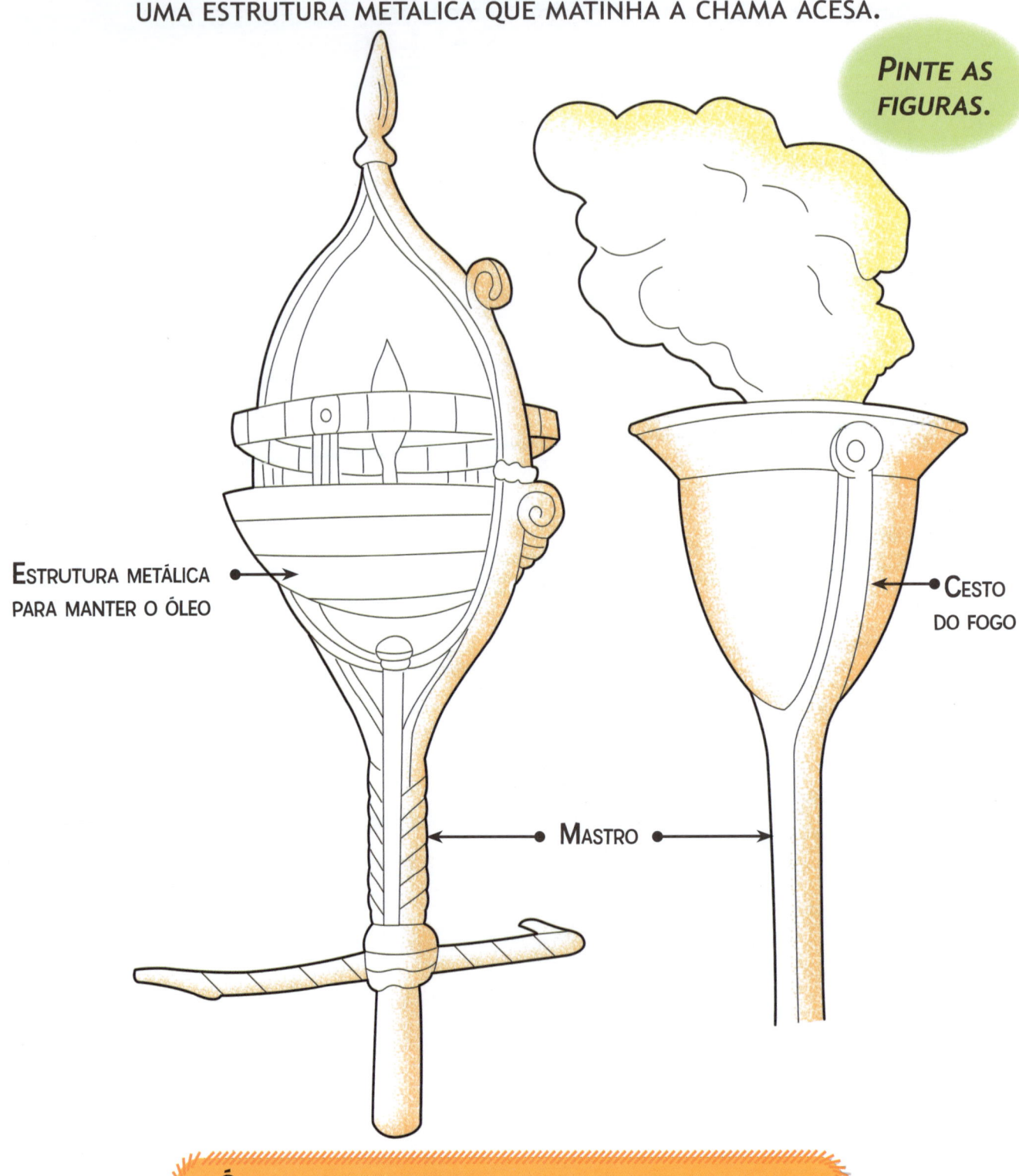

PINTE AS FIGURAS.

ESTRUTURA METÁLICA PARA MANTER O ÓLEO

CESTO DO FOGO

MASTRO

ÓLEOS DE ILUMINAÇÃO ERAM FEITOS DE AZEITONAS E SEMENTES.

POVOS E EVENTOS DA HISTÓRIA

Coroas dos Reis

Uma coroa usada por um rei ou uma rainha tradicionalmente representava poder, vitória, triunfo, honra e glória.

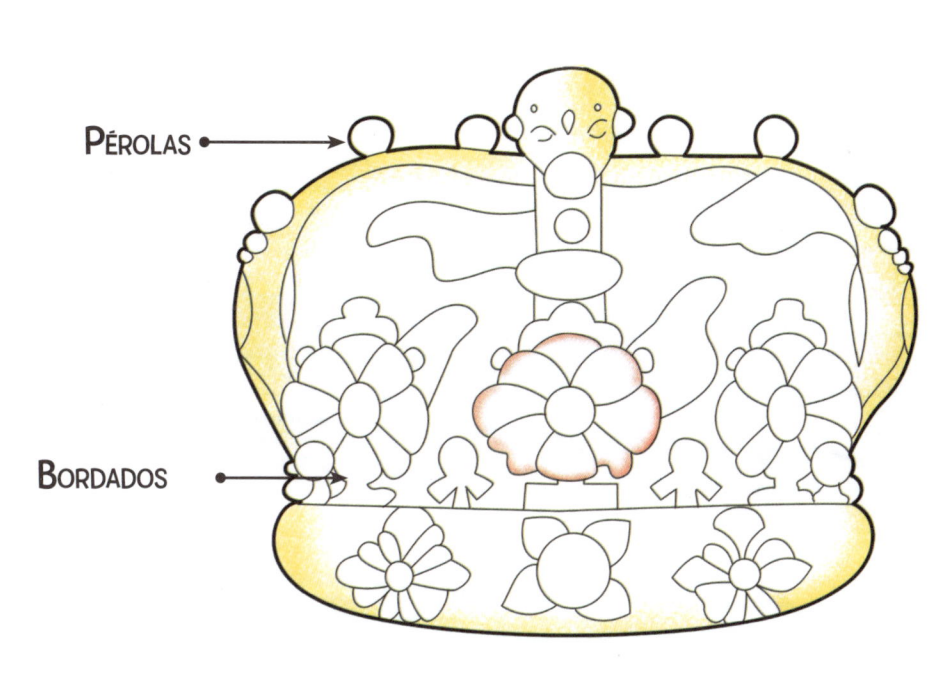

Pinte as figuras.

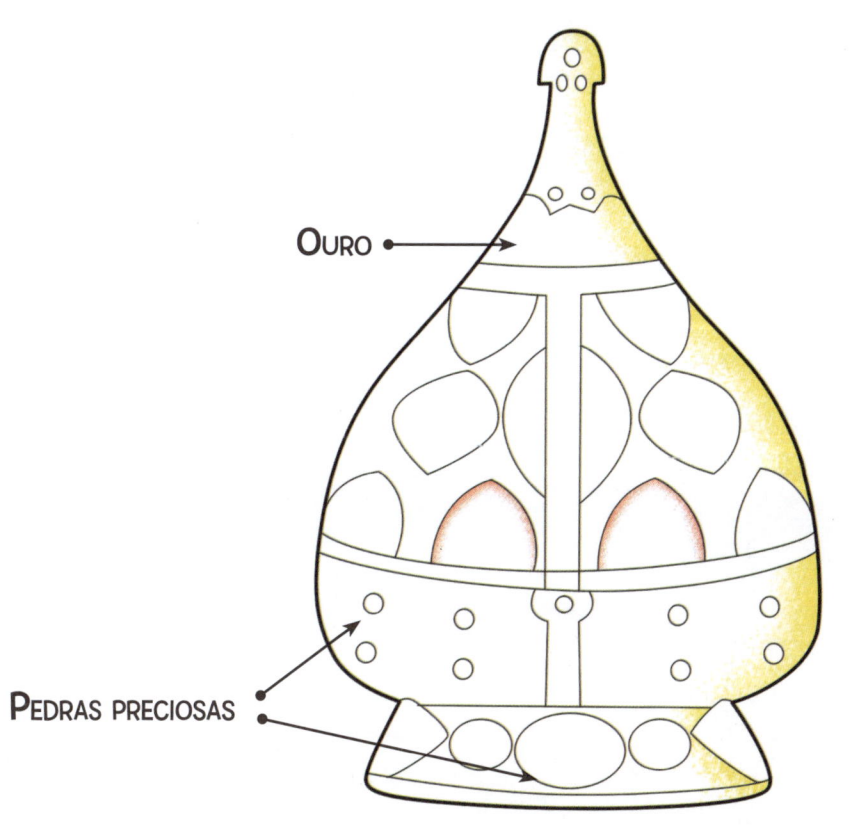

- Pérolas
- Bordados
- Ouro
- Pedras preciosas

POVOS E EVENTOS DA HISTÓRIA

O Guerreiro Inca

Os soldados incas usavam roupas quentes. Seus uniformes eram coloridos. Eles marchavam para a batalha com tambores, flautas e trompetes.

Pinte a figura.

• Cocar emplumado

• Escudo

• Túnica com quadriculados distintos

GUERREIROS E GUERRAS

TROIA

Os gregos construíram um cavalo de madeira para entrar na cidade de Troia. Ele tinha 30 soldados escondidos em seu interior. Os gregos foram bem sucedidos em invadir a cidade usando um cavalo troiano e venceram a guerra.

Pinte a figura.

Cavalo troiano

GUERREIROS E GUERRAS

A Vestimenta do Soldado

Durante a guerra, os soldados usavam tipos especiais de roupas.

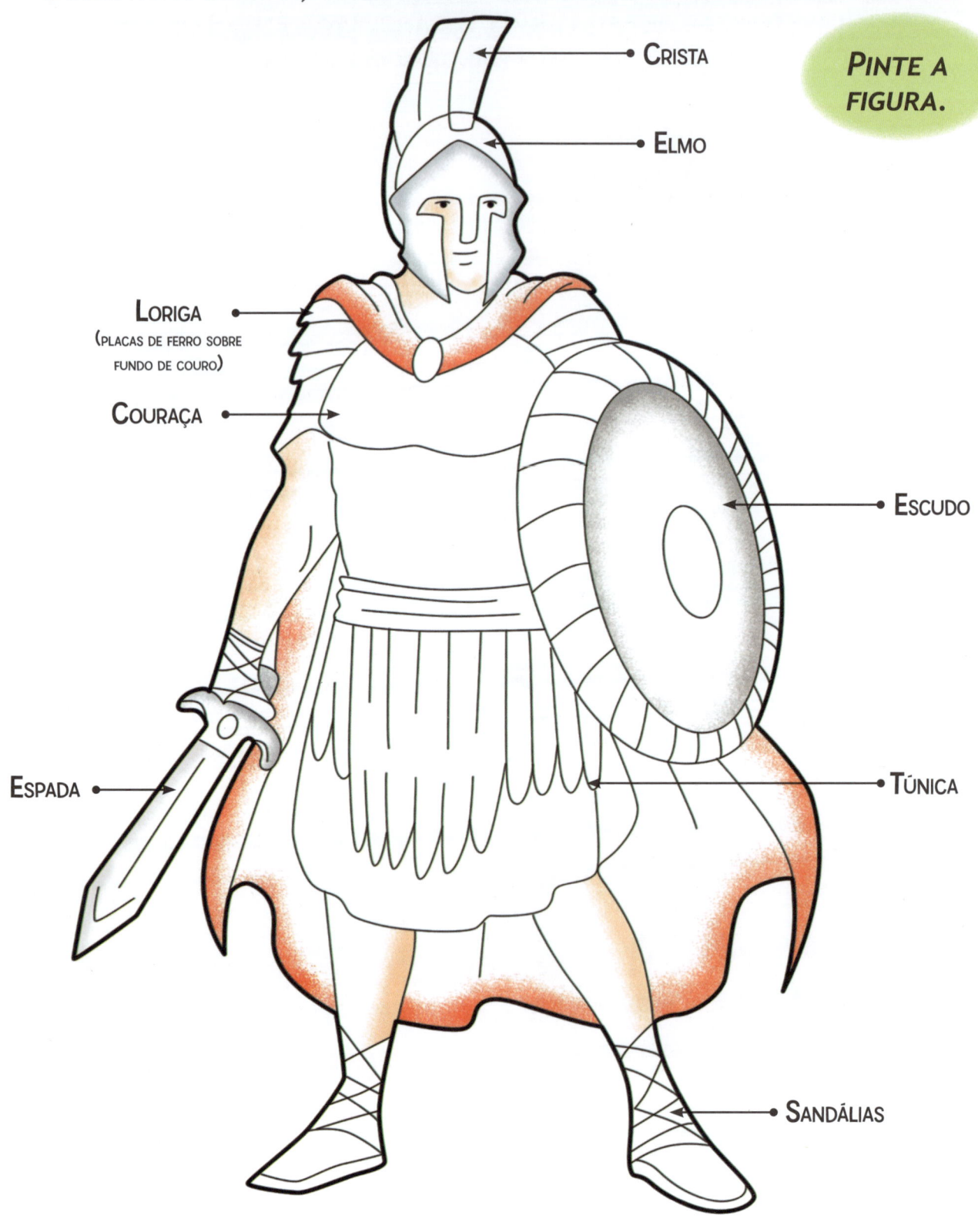

- Crista
- Elmo
- Loriga (placas de ferro sobre fundo de couro)
- Couraça
- Escudo
- Espada
- Túnica
- Sandálias

Pinte a figura.

GUERREIROS E GUERRAS

Vikings

Os vikings foram famosos por navegar imensas distâncias de seu lar na Escandinávia entre os séculos IX e XI para saquear ou negociar.

Pinte a figura.

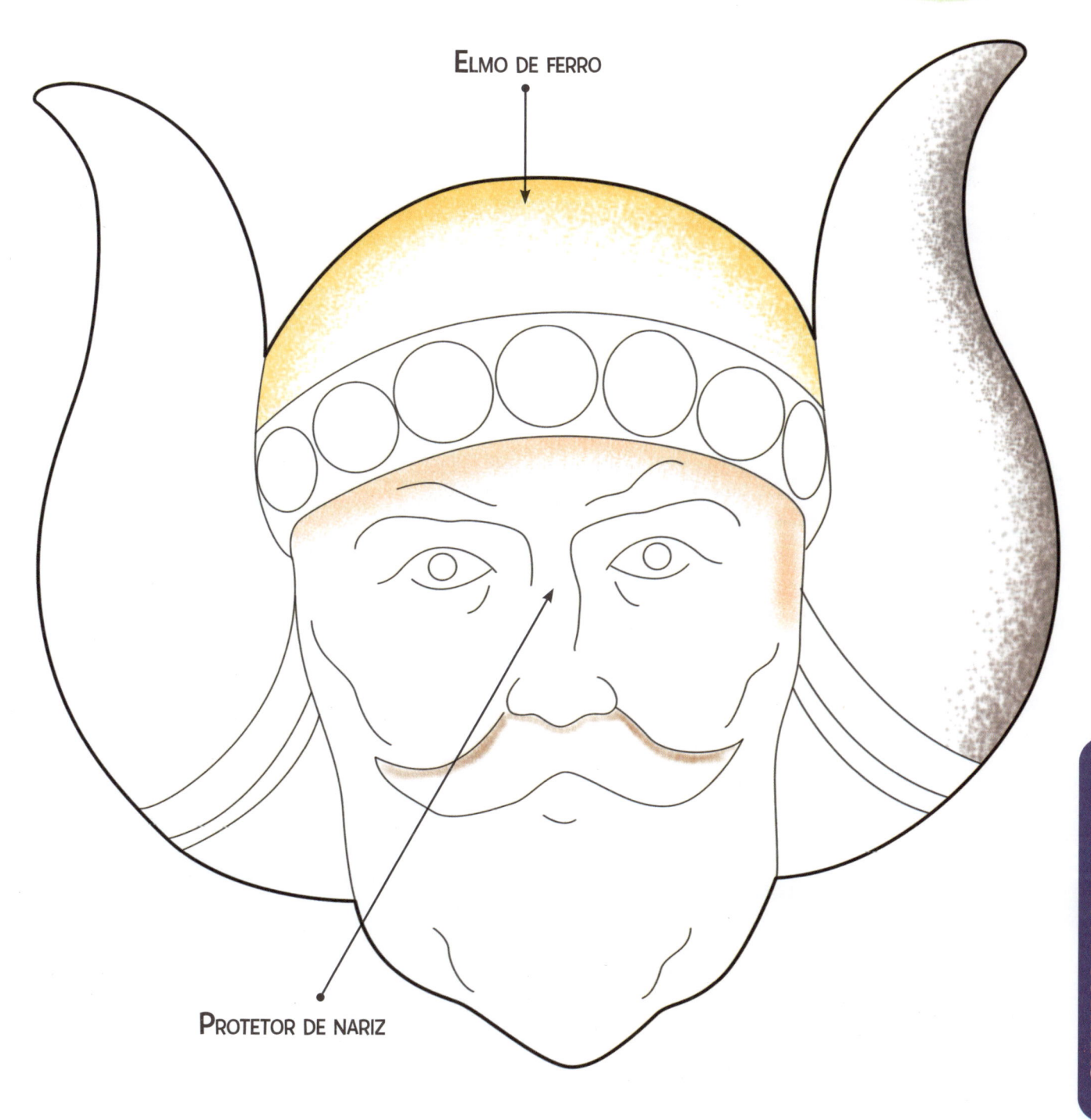

Elmo de ferro

Protetor de nariz

GUERREIROS E GUERRAS

DRÁCAR

Os navios vikings eram conhecidos como Drácares. Esses navios compridos conseguiam navegar em águas rasas.

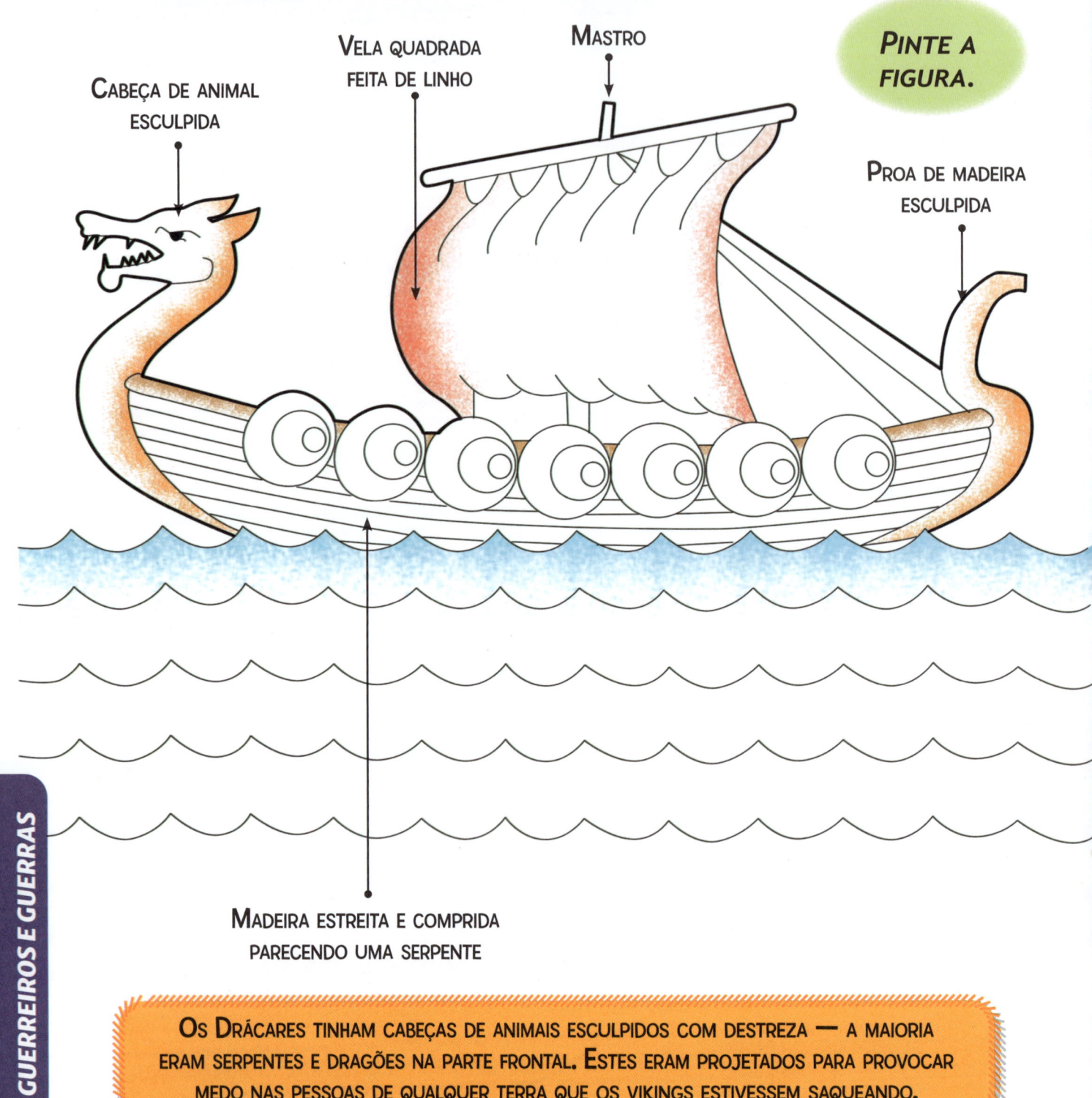

Vela quadrada feita de linho

Mastro

Cabeça de animal esculpida

Pinte a figura.

Proa de madeira esculpida

Madeira estreita e comprida parecendo uma serpente

Os Drácares tinham cabeças de animais esculpidos com destreza — a maioria eram serpentes e dragões na parte frontal. Estes eram projetados para provocar medo nas pessoas de qualquer terra que os vikings estivessem saqueando.

Crianças Romanas

Os romanos usavam túnicas. Os meninos usavam túnicas até os joelhos. As meninas usavam uma túnica simples com um cinto na cintura.

Pinte a figura.

- Túnica
- Cinto
- Sandálias abertas feitas de couro

ESTILOS DE VESTUÁRIOS

CRIANÇAS INGLESAS DA REALEZA

AS CRIANÇAS TUDOR SE VESTIAM FEITO MINIVERSÕES DE ADULTOS. ELAS USAVAM ROUPAS FEITAS DE CETIM PESADO E GOLAS PLISSADAS.

PINTE AS FIGURAS.

GOLAS PLISSADAS

ESTILOS DE VESTUÁRIOS

Menina Vitoriana

As menininhas usavam um tipo de avental que se colocava por cima do vestido. Seus cabelos eram cacheados e arrumados com perfeição.

Pinte a figura.

Avental

As crianças na Era Vitoriana geralmente usavam imensas roupas pesadas para mostrar o prestígio social dos pais e da família.

ESTILOS DE VESTUÁRIOS

CRIANÇAS DO VELHO OESTE

UM VAQUEIRO USAVA UMA CAMISA POR BAIXO DE UM COLETE E CASACO DE VAQUEIRO, CALÇAS DE ALGODÃO OU LÃ E BOTAS. AS MULHERES USAVAM SAIAS OU VESTIDOS.

Um chapéu de aba grande

Lenço de seda

Pinte a figura.

ESTILOS DE VESTUÁRIOS

PESCA

A ATIVIDADE DE PEGAR PEIXES, QUER PARA ALIMENTAÇÃO OU COMO ESPORTE, É CONHECIDA COMO PESCA. A PESCA PODE SER REALIZADA NO MAR, EM UM LAGO OU EM UM RIO E DE UM BARCO OU DA ORLA (TERRA FIRME).

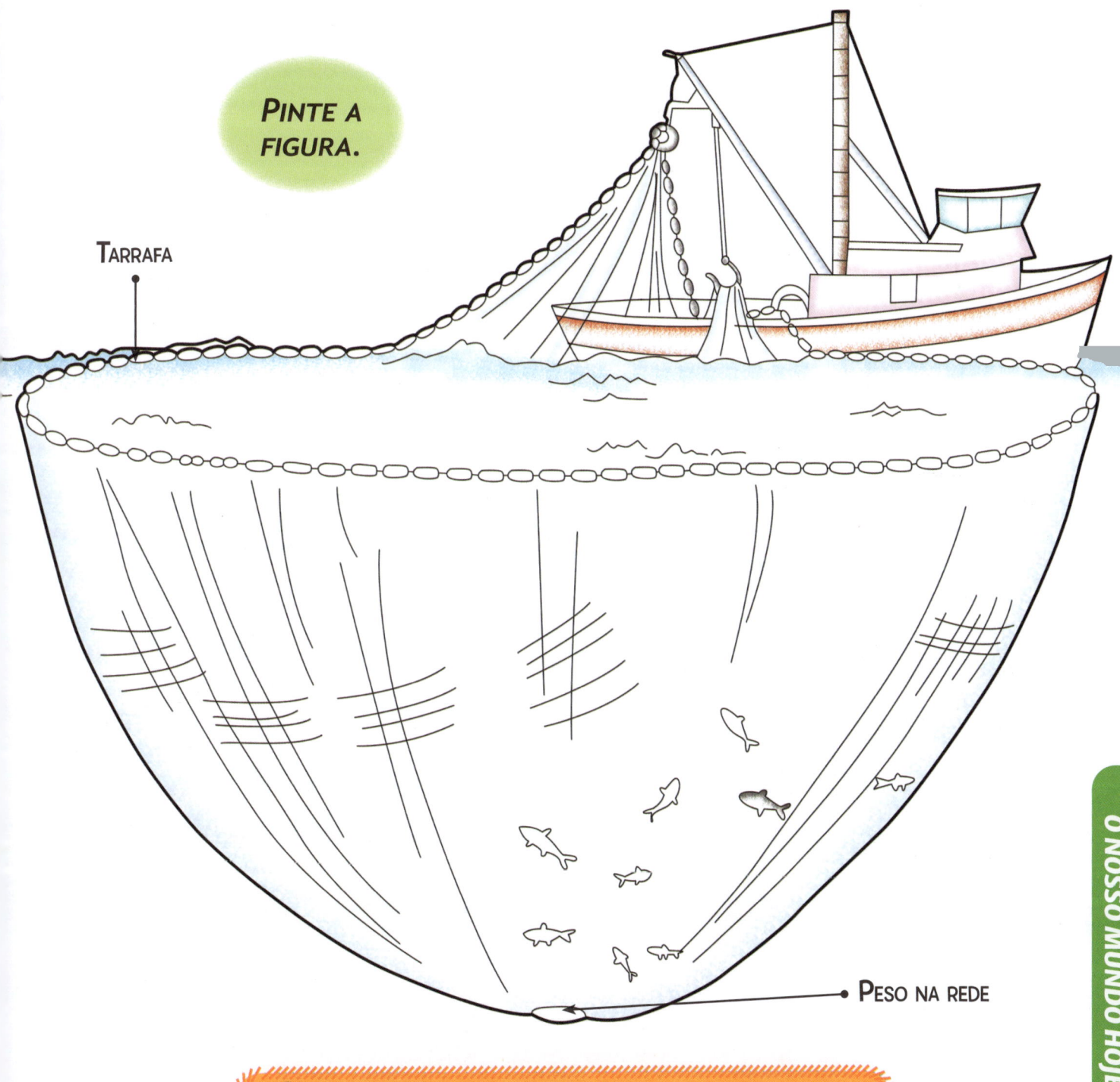

PINTE A FIGURA.

TARRAFA

PESO NA REDE

REDES GRANDES E MÁQUINAS SÃO USADAS PARA PEGAR PEIXES.

O NOSSO MUNDO HOJE

Agricultura

A AGRICULTURA É O CULTIVO DE PLANTAÇÕES E A CRIAÇÃO DE ANIMAIS POR PESSOAS PARA OBTER ALIMENTOS E MATERIAIS CRUS (NÃO PROCESSADOS).

Pinte a figura.

Trator

Arando o campo para plantar sementes.

A agricultura inclui a plantação, a retirada das ervas daninhas, a colheita e o armazenamento.

MINERAÇÃO

A MINERAÇÃO É O PROCESSO DE ESCAVAR COISAS DO SOLO. É CHAMADA DE EXTRAÇÃO.

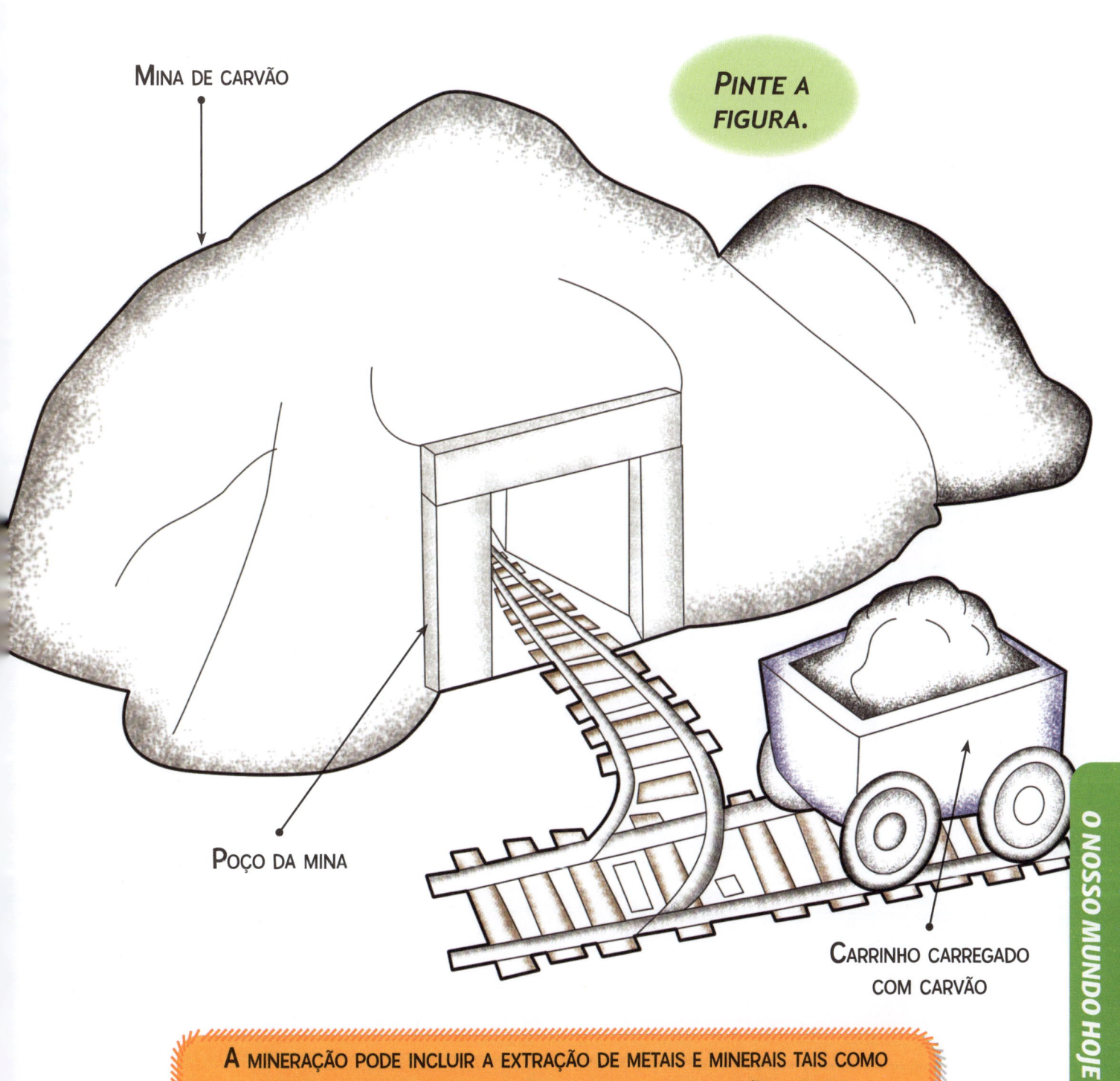

MINA DE CARVÃO

PINTE A FIGURA.

POÇO DA MINA

CARRINHO CARREGADO COM CARVÃO

A MINERAÇÃO PODE INCLUIR A EXTRAÇÃO DE METAIS E MINERAIS TAIS COMO CARVÃO, DIAMANTE, OURO, PRATA, PLATINA, COBRE, LATÃO E FERRO.

O NOSSO MUNDO HOJE

A Grande Muralha da China

A Grande Muralha da China é a mais extensa estrutura do mundo feita pelo homem.

Tijolos e blocos de pedra recortados

MONUMENTOS

A Grande Muralha da China é uma estrutura de defesa que consiste em muitos muros e fortes. Em alguns pontos, a muralha se duplica ou até se triplica.

A Ilha de Páscoa

A Ilha de Páscoa é uma ilha da Polinésia no Oceano Pacífico. É famosa por ter 887 estátuas maciças, chamadas de "moai", que foram esculpidas e erguidas pelo povo Rapa Nui primitivo.

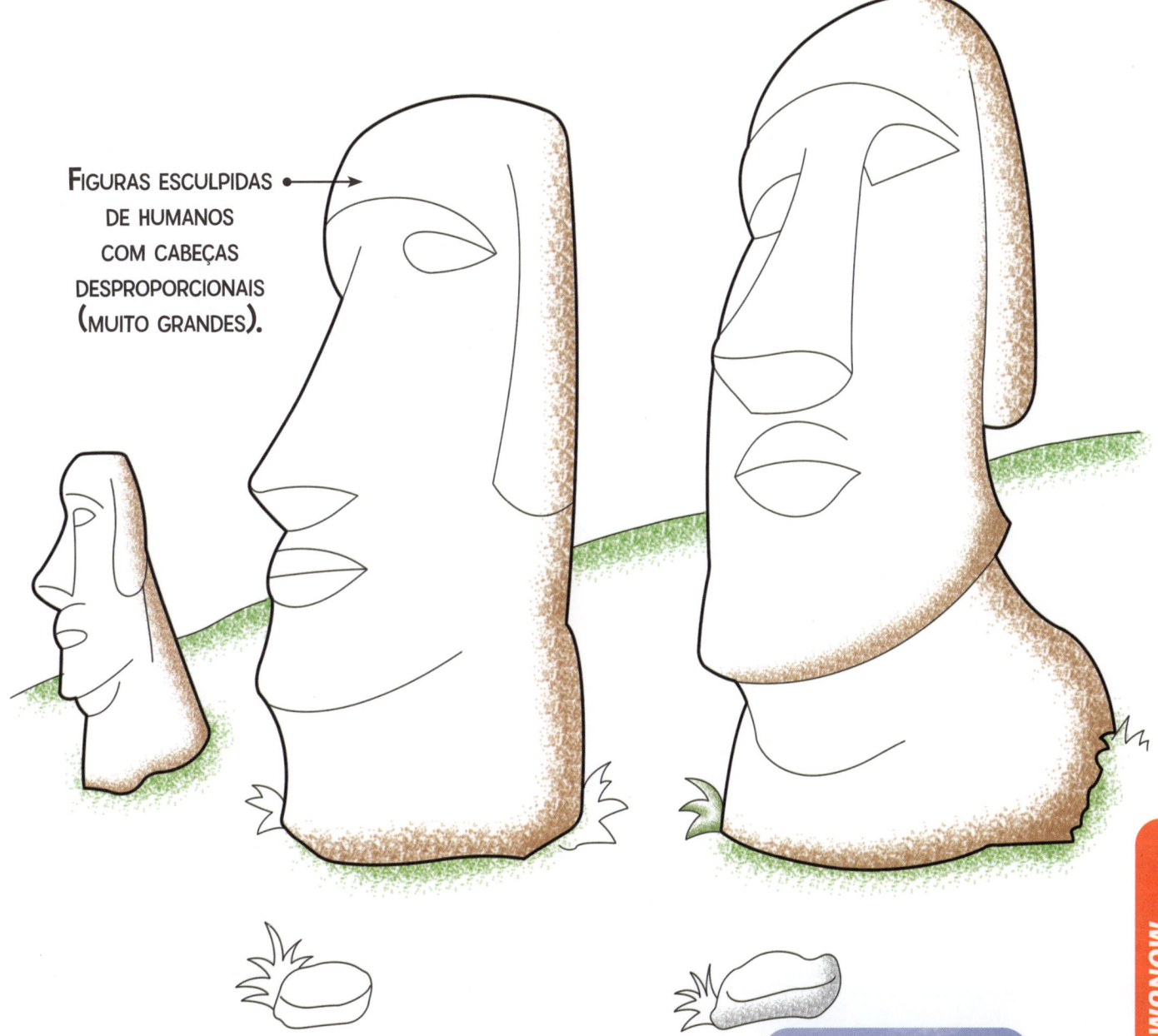

Figuras esculpidas de humanos com cabeças desproporcionais (muito grandes).

Um único "moai" levava cerca de um ano para ser concluído por uma equipe de cinco a seis homens.

MONUMENTOS

ESFINGE

A ESFINGE É UMA ESTÁTUA DE CALCÁRIO DE UMA CRIATURA MÍTICA QUE TINHA O CORPO DE UM LEÃO E A CABEÇA DE UM HUMANO.

PINTE A FIGURA.

PIRÂMIDE

CABEÇA HUMANA

CORPO DE LEÃO

MONUMENTOS

OS EGÍPCIOS CONSTRUÍRAM ESTÁTUAS DE ESFINGE PARA PROTEGER LUGARES COMO TUMBAS E TEMPLOS.

PETRA

Petra é um famoso sítio arqueológico na Jordânia construída cerca de dois mil anos atrás.

Rocha de arenito rosa

Pinte a figura.

Petra é metade construída e metade esculpida na rocha.

MONUMENTOS

STONEHENGE

Stonehenge é um imenso círculo de pedras em pé feito pelo homem. Foi construído há muitos anos. É um dos mais famosos monumentos pré-históricos do mundo.

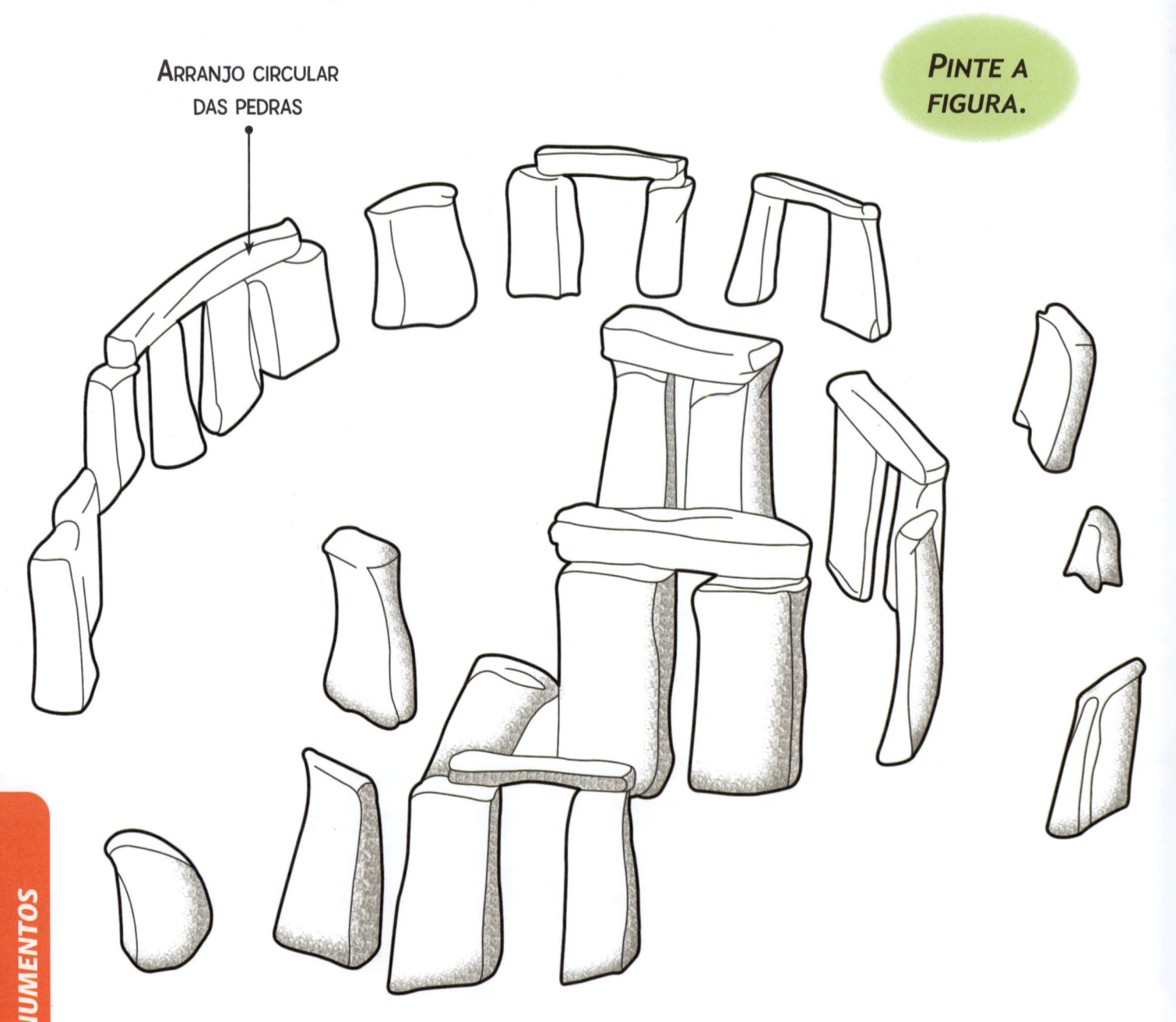

Arranjo circular das pedras

PINTE A FIGURA.

MONUMENTOS

De acordo com pesquisas, Stonehenge foi usado como um cemitério.